World Architecture

Vol.6

Central and Southern Africa

U0175741

第 **6** 卷

中、南非洲

总 主 编：【美】K. 弗兰姆普敦
副总主编：张钦楠
本卷主编：【美】U. 库特曼

20 世纪
世界建筑精品
1000 件

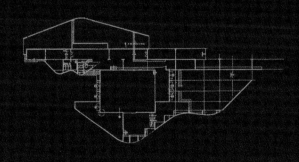

生活·讀書·新知 三联书店

20 世纪世界建筑精品 1000 件
（1900—1999）

总主编：K. 弗兰姆普敦

副总主编：张钦楠

顾问委员会

萨拉·托佩尔森·德·格林堡，国际建筑师协会前主席

瓦西里·司戈泰斯，国际建筑师协会主席

叶如棠，中国建筑学会理事长

周干峙，中国建设部顾问、中国科学院院士

吴良镛，清华大学教授、中国科学院院士

周谊，中国出版协会科技出版委员会主任

刘慈慰，中国建筑工业出版社社长

编辑委员会

主任：K. 弗兰姆普敦，美国哥伦比亚大学教授

副主任：张钦楠，中国建筑学会副理事长

常务委员

J. 格鲁斯堡，阿根廷国家美术馆馆长

长岛孝一，日本建筑师、作家

刘开济，中国建筑学会副理事长

罗小未，同济大学教授

王伯扬，中国建筑工业出版社副总编辑

W. 王，德国建筑博物馆馆长

张祖刚，《建筑学报》主编

委员

Ю·П·格涅多夫斯基，俄罗斯建筑家联盟主席

关肇邺，清华大学教授

R. 英格索尔，美国锡拉丘兹大学意大利分校教授

V. M. 兰普尼亚尼，瑞士 ETH 高等理工学院教授

H-U. 汗，美国麻省理工学院副教授

U. 库特曼，美国建筑学作家、评论家

林少伟，新加坡建筑师、作家、教授

R. 麦罗特拉，印度建筑师、作家

J. 泰勒，澳大利亚昆士兰理工大学教授

郑时龄，同济大学副校长、教授

本卷主编：U. 库特曼

中方协调人：张钦楠

本卷评论员

D. 阿拉蒂昂

N. 埃利赫

R. 休斯

本卷翻译：强十浩（英译中）

本卷审校

张百平

英若聪

目　录

||||||||||| *1900—1919*

IIIIIIIIIIII *1960—1979*

IIIIIIIIIIII *1980—1999*

分区与提名的方法

难以想象有比试图对20世纪整个时期内遍布全球的建筑创作做一次批判性的剖析更为不明智的事了。这一看似胆大妄为之举，并不由于我们把世界切成十个巨大而多彩的地域——每个地域各占大片陆地，在社会、经济和技术发展的时间表和政治历史上各不相同——而稍为减轻。

可以证明，此项看似堂吉诃德式之举实为有理的一个因素是中华人民共和国的崛起。作为一个快速现代化的国家，多种迹象表明它不久将成为世界最大的后工业社会。这种崛起促使中国的出版机构为配合国际建筑师协会（UIA）于1999年6月在北京举行20世纪最后一次大会而宣布此项出版计划。

尽管此项百年评介之举的背后有着多种动机，做出编辑一套世界规模的精品集锦的决定可能最终出自两个因素：一是感到有必要把中国投入世界范围关于建筑学未来的辩论之中；二是以20世纪初外国建筑师来到上海为开端，经历了一个世纪多种多样又反反复复的折中主

K. 弗兰姆普敦
（Kenneth Frampton）
美国哥伦比亚大学建筑、规划、文物保护研究生院的威尔讲座教授。他是许多著名建筑理论的开创者和历史性著作的作者，其著作包括：*Modern Architecture: A Critical History* (London: Thames and Hudson, 1980, 1985, 1992, 2007) 和 *Studies in Tectonic Culture: The Poetics of Construction in Nineteenth and Twentieth Century Architecture*, edited by John Cava(Cambridge: MIT Press, 1995, 1996, 2001) 等。

义之后，中国有重新振兴自己建筑文化的愿望。

在把世界划分为十个洲级地域后，我们的方法是为每一地域选择100项均衡分布在20世纪的典范建筑。原本的目标是每20年选20项，每一地域选100项重要作品，全球整个世纪选1000项。然而，由于在20世纪头25年内各国的现代化进程不同，在有的情况下需要把前20年的份额让出一半左右给后来的80年，从而承认当"现代时期"逐步降临时世界各地技术经济发展初始速度的差异。

十个洲级地域的划分如下：1.北美（加拿大和美国），2.中、南美（拉丁美洲），3.北欧、中欧、东欧（除地中海地区和俄罗斯以外的欧洲），4.环地中海地区，5.中东、近东，6.中、南非洲，7.俄罗斯－苏联－独联体，8.南亚（印度、巴基斯坦、孟加拉国等），9.东亚（中国、日本、朝鲜、韩国等），10.东南亚和大洋洲（包括澳大利亚、新西兰、塔斯马尼亚和其他太平洋岛屿）。

这一划分一旦取得一致，接下来就是为每一卷确定一位主编，其任务是监督建筑作品选择过程并撰写一篇综合评论，对本地区的建筑设计做一综述。这篇综合评论的目的除了作为对本地区建筑文化演变的总览之外，还期望对在评选过程中由于意见不同、疏忽或偶然原因而难以避免的失衡做些补救。评选由每卷聘请的五名至九名评论员进行，他们是建筑评论家或历史学家，每人提名100项典范作品，由主编进行综合后最后通过投票确定。

我个人的贡献可以视为在更广泛的范围内对这种人为的地理分割和其他由于这一程序所必然产生的问题

进行补救。然而，在进一步论述之前，我必须说一下在总的现代化过程中出现的有争议的现代建筑和似传统建筑之间的区别。后者承认现代化，但主张以某种措施考虑文化延续性和抵抗性，因此被视为"反动的"。这样，人们会发现各卷之间选择的项目在性质和组成上有甚大的不同，不论是在设计思想上，还是在表达时代的技术和社会特征方面。

在这传统和创新的演示之外，另一个波动是更难解释的同一时间和地点发生的不同建筑表达模式，它们不仅在强度上不同，而且作为一种文化势力或运动的存在时间也大相径庭。为了说明这种变化，我们可以芝加哥的草原风格为例。它从1871年的大火到1915年赖特设计的米德韦花园（Midway Gardens），是连续发展的，但其后这一地方性运动就失去了其劲头和方向；与此相反的是南加州家居发展的长得多的轨迹，它从1910年 I. 吉尔设计的道奇住宅开始，到60年代洛杉矶的最后一座案例研究住宅为止，佳作延绵不断。同样，我们可以提到德国在1905年至1933年间特别丰产的时期，以及芬兰、捷克斯洛伐克同一时期的状况，其发展一直延续到第二次世界大战之前。人们也可注意到：这两个国家对激进现代建筑的培育离不开国家作为进步现代力量的概念。类似的意识形态上的民族文化轨迹在斯堪的纳维亚国家和荷兰的特定时期也可看到。

我们还可以看到与结构工程学相关的文化如何因时因地变化，在某个国家其技术潜力和优雅可塑达到特别高超的程度，而另一国家尽管掌握其普遍原理，却逊色甚多。于是，在1918年至1939年间的法国、瑞士、意大利、捷克斯洛伐克和西班牙可见到真正出色的结构工程文化，尤其是在钢筋混凝土领域，而英美国家在同一时期内却只有最实用主义的构筑形式。在英国，唯一的例外是工程师 E. O. 威廉斯的工厂建筑和丹麦流亡工程师 O. 阿鲁普的作品。在美国，混凝土领域的例外案例是巨大的水坝，特别是在田纳西河流域管理局以及在科罗拉多建造的巨石坝。

当然，在世界范围内，技术经济发展的速度是大为不同的，至今，还有前工业文化，乃至前农业、游牧、部落文化以这样那样的方式生存下来。同时，有组织的建筑产业连同建筑师职业实践在许多国家仅仅是第二次世界大战以后的事。这种前建筑师的建造文化，B. 鲁道夫斯基在他 1963 年出版的书中用了"没有建筑师的建筑"这一标题。今日在所谓"第三世界"中却出现了扭曲的反响，这里的许多大城市周围出现了自发移民的集合，自占的土地，没有足够的基础设施，也就是无水、无电、无污水处理等为人类密集居住场所保证健康生存所必需之物。对此，我们得承认一个严峻的事实，这就是即使在像美国这样的发达国家，每年建造量不足 20% 的部分才是由职业建筑师所设计的。

本卷主编
U. 库特曼

综合评论

希望的大陆

引言

　　在许多情况下，历史是以一种带偏见的眼光观察后写成的，这种偏见甚至不惜歪曲事实，以寻求为已经建立的政权制度辩护。在这方面，E.P.斯金纳在谈到非洲历史时写道："非洲非常像一面镜子，并且研究非洲的学术成就表现较多的是有关的学者，而较少揭示学者所试图说明的这块大陆的文化与社会。"[1]在各种历史错误当中，被歪曲得最严重的一个领域就是非洲历史。在很长的一个时期里，观察非洲的历史主要是从维护攫取这块大陆人力和自然资源的殖民地政权利益的角度出发的。[2]

　　尽管目前在人种学、人类文化学和艺术史领域的研究已经取得了巨大的进展，但是被广泛接受的、已经被歪曲

U. 库特曼（U. Kultermann）

1927 年生于德国的什切青（现属波兰），现为美国圣路易斯市华盛顿大学建筑学荣誉教授。曾就学于德国格赖夫斯瓦德大学和明斯特大学，并于 1953 年被授予哲学博士学位。

1959 年到 1964 年间，他担任德国施洛斯博物馆岛、莫斯布罗赫、莱沃库森现代艺术博物馆馆长。他曾担任过艺术和建筑评审团成员，并多次参加国际性会议。

1967 年到 1994 年间，他是美国圣路易斯市华盛顿大学的建筑学教授，居住在纽约市。

库特曼的著作多达 25 部以上，并且涉及多种不同的领域，如建筑、现代艺术、艺术史和艺术理论，许多著作被译成多种文字。在他众多的著作当中，比较重要的是：《今日建筑》（1958 年）、《新日本》（1960 年）、《非洲新建筑》（1963 年）、《世界新建筑》（1965 年）、《非洲建筑的新趋向》（1969 年）、《丹下健三——建筑与城市设计》（1970 年）、《20 世纪的建筑》（1977 年）、《第三世界的建筑》（1980 年）、《70 年代的建筑》（1980 年）、《东欧的现代建筑》（1985 年）、《马克西米亚努斯大教堂——中世纪后期的一项重点建筑工程》（1997 年）、《阿拉伯国家的现代建筑》（1999 年）。

1 卫城
　大津巴布韦

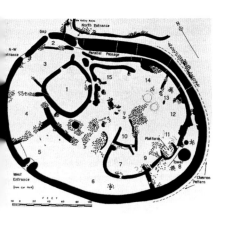

2 椭圆形建筑平面
　大津巴布韦
　U. 库特曼档案馆（纽约）提供

了的非洲形象仅仅是在缓慢地改变。因为如同在其他领域一样，这种历史偏见不是一个学术课题上教育或研究的深浅程度问题，而是导致产生一种相应认识的态度问题。过去，法国或英国的殖民地教育体系，对非洲学校中的儿童只讲授过去几个世纪英国或苏格兰贵族之间的斗争历史，而对非洲本身的历史情况则毫不提及(至少对非洲儿童是如此)。英国、法国和如今美国的教育体系，对学校儿童所灌输的一切东西，仍然意在巩固和加强帝国主义在非洲的殖民主义制度。自从 J. 康拉德把非洲称为"黑暗的大陆"以来，对非洲的盲目和无知迄今依然存在。关于非洲历史，英国历史学家 H. T. –罗珀在1968年评论说："将来可能会有一部非洲历史，但是目前还没有。现在有的只是一部欧洲人在非洲的历史……除此之外，其余的仅仅是黑暗，而黑暗并不是历史的主题。"[3] 鉴于对非洲这种延续不断的误解，现在迫切需要有一部当代的非洲历史。[4]

在20世纪里，非洲在持续地进行着一场生存斗争：抵抗自然灾害，抵御通常被称作"和平使命"的外部军事入侵，与流行病（例如造成毁灭性后果的艾滋病）做斗争，反对非洲独裁者之间的混战，与贸易殖民主义正在进行的低价倾销以及在"发展援助"幌子下的剥削进行斗争。[5] 值得注意的是：在殖民地时期结束以后的非洲，在有或无外界军事援助的情况下，至少发生了59次军事政变。这个数字是在1984年统计的，此后以更快的速度增长。输入非洲的武器1960年为10亿美元，到了1987年就增加到了250亿美元，之后仍然在继续增加。B. 戴维森对此得出结论说："这已经成为另一种灾祸的根源。"[6]

　　大多数非洲国家属于第三世界，工业极不发达，在撒哈拉地区的一些国家，如毛里塔尼亚、马里、尼日尔和乍得，贫困和饥饿的现实问题看起来似乎无望解决。[7]

　　经历了几个世纪的奴隶制度、殖民地统治者的奴役剥削和内战之后，非洲文化不仅奇迹般地幸存了下来，而且还对世界的其他地区产生了巨大的影响。这些影响包括：大大丰富了世界音乐宝库的极为深奥微妙的非洲音乐传统，丰富的口头文学传统[8]，非洲电影制片人新近形成的创作倾向[9]，特别是近年来日臻成熟的极富想象力的非洲建筑。

　　非洲文化传统的本质曾经是并且将继续是死亡和再生，这两者构成了并不断重复着过去、现在和将来的一切事物。[10]古老的非洲神话把尚待出生、正在存活和已经死亡领悟为与宇宙规律和谐的整个生命循环的组成部分。重新评价这种特殊的文化传统以及非洲传统建筑对当地环境的适应性，对于非洲建筑目前的发展和21世纪的前途都是十分重要的。因为单纯从世界其他国家输入任何价值观、方法论和其他一切手段，都不足以建立一种崭新的和独特的当代非洲特性。（图1—图3）

　　在非洲，建筑史和历史一样，在过去的几个世纪里也受到了误解。非洲建筑被用一种欧洲传统的眼光评价，而根据这种评价非洲建筑是完全不合格的。按照绝大多数世界建筑史的说法，非洲还没有自己的一套建筑学，因此必须重新把它建立起来，作为研究非洲现有建筑的营造、功能和目的方面的指导原则。令人惊奇的是，评价非洲建筑的新标准竟与世界上其他地区的革新

3 椭圆形建筑
　大津巴布韦
　U. 库特曼（纽约）摄

建筑思潮十分吻合。我在1969年曾经写道："更精确地研究非洲的需要将会产生一种新的方法论，这种方法论将令人惊奇地接近欧洲或美国最先进的理论。"[11]

在评价20世纪的非洲建筑时，一个最重要而又经常被忽略的障碍是：现代非洲国家的地理边界对于非洲人民和他们的文化已变得毫无关系。在中部和南部非洲，大多数现有国家的边界是在1884年至1885年举行的柏林会议上划定的，参加这次会议的有英国、法国、比利时和德国在非洲地区的殖民地政权。这次会议导致了非洲被"瓜分"——这是一个有助于更好地了解非洲历史的具有严酷意义的字眼。I.L.格里菲斯对此写道："现代非洲国家实质上是转变为独立国家的殖民地产物。它们的边界、形状和大小都是从殖民地继承下来的。"[12]

在"瓜分"过程结束以后，欧洲人开始在非洲殖民定居，并且大约在19世纪末完成了这一步骤。"瓜分"后欧洲人在非洲建立的大城市，如约翰内斯堡、德班、索尔兹伯里、卡杜纳、加贝罗内斯（今哈博罗内）和卢萨卡等，都是仿照欧洲城市做成方格棋盘式城市规划。殖民统治者与当地居民的隔离有计划地造成了白人居住区与非洲传统定居模式的悬殊差别。[13]"种族隔离"这个词在被正式载入法律（例如，南非是在1939年，德国的非洲殖民地也是在同一年代）以前，在非洲就已经成为一种现实，歧视性的种族隔离政策早已变成是合法的了。在1939年，臭名昭著的"种族请愿书"被提交给比勒陀利亚的议会，其中心点是：（1）禁止所有不同肤色的种族通婚；（2）惩罚所有白人与非白人的种族混合；（3）终止所有的种族杂居（不同种族分别居住）；（4）

白人与非白人在经济上和政治上隔离。[14]

在非洲，重要建筑的形式同样也要遵守种族隔离规则，行政管理建筑、宗教建筑和住宅建筑，包括从英国引进的预制房屋，都要采用欧洲模式。位于塞拉利昂的弗里敦市的白人隔离区就是这样的一个例子，它开始形成于1902年，由许多高架预制平房组成。在大多数英国的非洲殖民地，房屋的主要形式是"带游廊的平房"，这种房屋形式是早先在印度发展起来的。[15]在非洲，大城市都公然以参与"瓜分"的领导人的姓来命名，例如索尔兹伯里、利奥波德维尔、伊丽莎白维尔、斯坦利维尔、布拉柴维尔，以及在1895年将马绍纳人和马塔比尔人的领土依照C.罗得的姓更名为罗得西亚。[16]

无论是在殖民地政权时代，还是在后来的各个独立国家的年代，20世纪的非洲总是存在着另外一种形式的政府。任何人即使是今天在非洲旅行，也会发现在非洲有两个政府系统并存：国家的官方政府和地方统治者（国王、祭司、酋长、首领）的古老部落政府。这两种政府系统的区别在于：一个是代表国家的官僚、军事和政治的权力，另一个则完全依靠的是传统的部落统治模式。近代非洲国家的政府已经脱离了它的人民，非洲国家的议会大楼和总统官邸的选址就是例证；而部落统治者依然在城市的地方社区中行使他们的职权，而且他们居住的建筑与一般公民的住房并无太大的差别。虽然国王只有礼仪上的权威，但是在许多情况下，对于个人来说，从古代就存在的对国王的尊敬是永远存在的。[17]

为了创立非洲的建筑学，源于非洲过去的特定因素与支配非洲当代现实的那些因素正处于相互结合的过

4 戈登将军医学院
　喀土穆，苏丹，1902年
　建筑师：F.贝
　M.丹比摄影并提供

程当中。正如过去我所说过的："建筑学必须源于民众，建筑学必须反映生活。"也正如A.盖德斯在多年以前就做出的以下论断："建筑应当属于人民，建筑学应当变成现实和存在，建筑美应当是温馨和有震撼力的。"[18]在非洲，正如20世纪后几十年在那里建成的建筑范例所证明的：已经有许多迹象表明年轻的非洲建筑师所采取的方向是正确的，非洲对世界建筑学所做的独特贡献正在建立的过程当中。

1.殖民主义建立时期(1900—1919年)

观察20世纪非洲建筑的发展过程可以发现：尽管每个时期的发展都是建立在前一时期发展的基础上的，但是建筑形式的变换才是20世纪非洲建筑发展基本的和有决定意义的特征，在这一点上世界的其他地方无法与非洲相比。正因为如此，殖民地时期的建筑才成为并将继续作为非洲建筑发展的一个部分延续。苏丹的首都喀土穆就是例证，这座城市在1885年的战争中曾经遭到严重破坏，后来在1900年到1912年的基奇纳勋爵统治时期获得了重建。在这座城市里，一个重要的历史遗迹是戈登将军医学院（图4），这座建筑的建筑语言充分体现了殖民地制度下的经典建筑形式。

1900年到1920年间，在非洲占支配地位的重要建筑形式要数军事建筑（如坦桑尼亚和西非的众多要塞）、政府部门建筑（如达累斯萨拉姆、约翰内斯堡和德班的一些建筑）和服务于贵族统治阶层的教育建筑（如开普敦和坎帕拉的一些贵族学校）。同样，当时非洲的宗教建筑也反映的是非洲人的信仰。在这些殖民地建筑当

5 塞西尔·罗得纪念堂
　开普敦，南非，1905—1908年
　建筑师：H.贝克爵士

中，比较突出的有由H.贝克设计的塞西尔·罗得纪念堂（图5）、由J.所罗门设计的开普敦大学。这两座建筑的设计中，都蕴含有古代希腊的古典建筑语言。在1905年至1908年间建成的塞西尔·罗得纪念堂是殖民地思想的一个标志，因为塞西尔·罗得（1853—1902年）这个人物对英国在南非建立统治政权具有决定性的影响。设计这座纪念堂的建筑师H.贝克（1862—1946年）于1892年来到了南非，随后就与当时任好望角殖民地总督的罗得相识，在1893年和1897年，罗得曾经两次委托贝克重建他在格鲁特舒尔的住所。在此后的许多年里，这座住宅曾作为历届南非总理的官邸[19]。因为他认为这所住宅的建筑语言完全适合新建立的南非帝国，罗得曾派贝克于1889年至1890年到地中海地区去考察希腊和罗马的建筑。

罗得纪念堂是有计划地接受古典建筑风格影响的一个结果。为了更像一座希腊建筑，这个纪念堂被建在桌山（Table Mountain）的斜坡上，希腊奴隶社会的建筑语言在另一个时代和另一块大陆（非洲）上被重新树立了起来。对这种崇尚古代建筑风格的选择有嘲弄意味的是，在开普敦，一些建筑并不是希腊式的，实际上是埃及式的。N.埃利赫写道："从罗得纪念堂的关键部位可以追溯到原出于非洲的古代建筑要素。排列在台阶两边的马和狮子是从狮身人面像甬道的建筑构思中演变出来的一种再现形式。狮身人面像甬道是埃及第三十王朝的法老内克塔内布建造的，它连接卢克索神庙与凯尔奈克神庙。"[20]

在南非，贝克设计的第二座重要建筑是1910年至

1912年在比勒陀利亚建成的联邦政府大厦。这是一个有纪念意义的对称建筑群，它的正面和两翼都有柱廊，从那里可以环视整个城市的景色，就像英国巴思镇的新月形柱廊一样。在1915年至1928年期间，贝克还设计了位于内罗毕和蒙巴萨的政府建筑。贝克设计的比勒陀利亚联邦政府大厦建筑群是他整个建筑设计生涯的一个顶峰，即使在今天也不失为一座新颖独特的政府建筑和一个历史时期的象征。才华横溢的贝克在非洲创造出了一座典型的英国式的建筑，他把象征性、使用功能和对场地的深思熟虑一起融入了这个给人以深刻印象的建筑整体。

J.所罗门（1888—1920年）是H.贝克的学生和追随者。他在1918年设计开普敦大学（图6）时，虽然古典建筑语言仍然是他设计中的主要决定因素，但是在这个建筑群的中心部分，他引用了从罗马万神庙演变而来的建筑形象，而没有沿袭希腊或埃及的建筑风格。在这所大学校园中，所罗门依照环境的特点，把一组富有古典风韵的建筑和谐地排列在一块树木葱茏的阶式场地上。[21]

大多数早期的非洲殖民地建筑的风格表现的是昔日欧洲人的思想。非洲的新古典主义建筑是维多利亚式建筑以及哥特复兴式建筑的一个组成部分，它被选来作为非洲大多数宗教建筑的形式，例如由建筑师贝克和梅西在1900年设计的位于开普敦的圣乔治大教堂。

在西非，人们可以从一些清真寺看到殖民地非洲建筑的另外一种平行发展的趋势，穆斯林建筑的传统在这里得到了延续。伊斯兰教在20世纪的复兴，引起了对重要的伊斯兰教建筑和它们的修建问题的注意。在这些伊斯兰教建筑当中，一个重要的例子就是建于1907年、位于马里的迪杰尼的大清真寺（图7）。这座大清真寺是由工匠I.特拉奥雷建造的。在建造这座大清真寺时，他摒弃了现代的材料和技术，而是使用了泥砖和富于想象力的雕塑形式，使历史传统在现代社会得以流传。[22]

6 开普敦大学
1918年
建筑师：J.所罗门

    在观察西非的一些建筑倾向时，应当注意一个特殊的因素，那就是当时从巴西和美洲有一批获得自由的奴隶返回了塞拉利昂、利比里亚和尼日利亚。虽然有些移民早在1880年就已经抵达西非，但是对西非当地建筑风格的影响直到1900年以后才显现出来，这种影响主要表现在具有巴西风格和古典装饰形式的建筑要素上。[23]在本文中所提及的教育建筑当中，比较重要的一个是1900年以前建成的，位于塞拉利昂弗里敦市的弗拉赫·贝大学。[24]

2.殖民主义和现代主义时期（1920—1939年）

    在20世纪20年代和30年代，非洲建筑的发展完全遵循已经建立起来的殖民地的路线，城市的规划和行政管理中心建筑、教堂、文化设施以及住宅建筑都是为少数白人统治者服务的。在尼日利亚，这个时期建立了一些新城市，如卡杜纳就是从1915年开始建设的。这座城市是当时的英国总督F.卢加德设计作为北尼日利亚首府的，但它直到1954年也没有充分发展起来。这个时期内还建成了另外一批重要的政府中心：尼日利亚的拉各斯国务大楼和伊巴丹的马波市政厅（1925年），乌干达的恩德培政府大楼，肯尼亚的内罗毕政府大楼。上面提到

7 大清真寺
迪杰尼，马里，1907年
建筑师：I.特拉奥雷

8 马丁森住宅
格伦塞德，南非，1939—1940年
建筑师：R. 马丁森

的尼日利亚的这两座政府建筑亦在英国历史语汇的范畴之内，它所表达的是一种外国的行政管辖权。位于拉各斯的国务大楼是一座意大利文艺复兴时期风格的建筑，具有对称的结构和两座高耸的塔。在新首都阿布贾建成以前，这座建筑被用作尼日利亚总统的官邸。[25]在1925年至1928年间，当H.贝克被委托设计内罗毕和蒙巴萨的政府大楼时，他已经为南非的英国统治者设计了一些规模较大的建筑群。[26]

　　基于古典传统设计的建筑并不是殖民地政权在非洲显示它的存在的唯一方式。在中部和南部非洲，那里的建筑在这一时期还有另外一种平行的发展趋势：这些建筑明确地表达了现代主义者的建筑观点。同一时期在北非（阿尔及利亚和摩洛哥）也出现了同样的建筑。根据W.格罗皮乌斯在其《国际建筑》（1925年）和勒·柯布西耶在其《走向新建筑》（1923年）中所阐述的建筑设计思想，一种反映现代技术的革命性建筑设计观念被引进了非洲。

　　当时在南非有一批由E.皮尔斯（1885—1968年，早年曾与H.贝克合作过）培育出来的年轻建筑师（如R.马丁森、J.法斯勒、W.G.麦金托什和B.库克等），他们自称德兰士瓦集团［德兰士瓦是南非（阿扎尼亚）的一个省名。——译者注］，遵循欧洲现代主义者的思想原则。特别是在约翰内斯堡（埃斯科姆住宅）、比勒陀利亚（麦金托什住宅）和格伦塞德（马丁森住宅，图8），他们所做的住宅设计受到勒·柯布西耶建筑设计思想的支配。他们设计思想中的国际主义与那个年代格罗皮乌斯和勒·柯布西耶所倡导的现代建筑运动的国际主义目标相呼应；他们还证明现代主义纯正的形式和技术语言正试图超越非洲当地建筑的特性。在1932年，马丁森担任了《南非建筑实录》杂志的编辑，在他所写的《希腊建筑的空间概念》一书中明确地阐明了他的建筑设计思想。[27]尽管他们直率地反对较早时候由贝克和所罗门等历史循环论者所倡导的对希腊古建筑的崇拜，但是在20世纪的非洲，希腊建筑继续被视为建筑设计的样板。

9 塞缪尔住宅
莫洛，肯尼亚，1950年
建筑师：E.梅

"现代建筑"的要素是由德国建筑师E.梅（1886—1970年）和A.D.康内尔（1901—1980年）通过他们的建筑设计传输给东非的，并在以后的几十年中形成一种永久的传统。E.梅在东非设计了许多建筑（如肯尼亚的基苏米女子学校和蒙巴萨海洋旅馆以及坦桑尼亚的莫希文化中心等），在这些建筑上成功地采用了现代建筑语言并按当地的特殊气候条件对现代建筑进行修改和完善（图9）。康内尔于1947年来到内罗毕，设计和建造了阿卡汗五十周年纪念伊斯玛利社区医院（图10），后来又设计了皇冠律师事务所和议会大厦。他的TRIAD建筑师事务所对这一地区建筑的发展产生过持续而强烈的影响。

在这个时期，作为当时非洲建筑发展特点的第三个方面就是在东非建造了一些宗教建筑，当地居民中的印度人寻求利用这些宗教建筑来表现他们的民族传统。建在内罗毕的扎米亚清真寺和后来1941年在德班建造的朱玛清真寺就融合了印度宗教建筑的某些特点。[28]与巴西在西非殖民时在建筑模式上带来的影响类似，东非建筑的发展呈现出一幅更为错综复杂的画面，而地理距离上的遥远造成了非洲这两个地区建筑发展上的不同倾向。

10 阿卡汗五十周年纪念伊斯玛利
　社区医院
　内罗毕，肯尼亚，1956—1963年
　建筑师：A. D. 康内尔

11 政府大厦
　达喀尔，塞内加尔，1950—
　1956年
　建筑师：巴达尼和罗克斯-多卢
　特

12 戈昂学院
　达累斯萨拉姆，坦桑尼亚，
　1955年
　建筑师：A.D.阿尔梅达

3.倾向独立时期（1940—1959年）

　　在第二次世界大战和战后一段较短的时间里，虽然北非曾经进行过一场有决定性意义的战役，但是对当时的非洲并没有产生多大的影响。尽管如此，战后发生的一系列事件，特别是1945年联合国的成立，还是在非洲的部分地区引起了强烈的反响。当时那些鼓吹非洲应当有更多自由的人当中，有加纳的K.恩克鲁玛、塞内加尔的L.S.辛赫尔和东非的J.恩叶瑞尔。但是，后来发表的联合国宣言和继之而来的冷战观点，对长期等待脱离殖民统治而渴望独立的非洲国家产生了巨大的影响。非洲革命者从苏联控制下的东欧人手中接过"自由选举"的口号，并按照他们自己的理解去解释它，在利比亚于1952年和加纳于1957年相继获得独立以后，另外几个非洲国家［如象牙海岸（今科特迪瓦）、中非共和国、尼日利亚、刚果、加蓬、达荷美（今贝宁）、尼日尔、毛里塔尼亚和塞内加尔］以更快的速度接二连三地于1960年宣布独立，这一年对非洲而言是意义重大的一年。

　　在第二次世界大战后的十几年里，尽管有上面所说的这些汹涌澎湃的独立运动，但非洲依然在设计和兴建新的建筑，而且这些建筑仍然显示出其殖民地政权的行政管理权力。由建筑师巴达尼和罗克斯-多卢特设计的，1950年至1956年在塞内加尔（法属西非）的达喀尔建的政府大厦（西非联合常设理事会宫，图11），证明法国的统治依然存在。类似的殖民地建筑还有：由建筑师卡扎班、詹宁、莱格兰德和塞卡洛维奇设计的、1953年至1960年建于中非共和国班吉的国民大会大楼，塞拉

利昂的弗里敦市于1952年至1954年兴建的国务大楼和
1961年兴建的议会建筑群，由A.D.康内尔和H.T.戴伊
设计的、1963年建于内罗毕的肯尼亚立法议会大厦，由
A.D.康内尔设计的、1948年建在坦桑尼亚的坦噶市的行
政管理大楼。[29] 在这个时期兴建的各种政府建筑中，最
典型的一个例子就是建在达喀尔的政府大厦。这座有纪
念意义的建筑具有对称的结构，外观庄严雄伟，附属建
筑被布置在最高的地方。在达喀尔，像在其他非洲国家
一样，从前作为殖民地统治压迫标志的建筑被用来安置
独立后新成立的政府机构。[30]

13 尼日利亚大学
　伊巴丹，1959—1960 年
　建筑师：E.M.弗赖伊、
　J.德鲁、德雷克和 D.拉斯顿

　　在独立以前，一些非洲国家就已经开始着手兴建高
等学府（图12），从这些校园建筑群（如由 E.M.弗赖伊
和J.德鲁设计的在伊巴丹的尼日利亚大学），可以看到这
些非洲国家在文化上日趋成熟的迹象。弗赖伊（1899—
1987年）1936年曾在英国随W.格罗皮乌斯从事建筑设
计，后来又跟随勒·柯布西耶在印度工作。他1948年开
始在非洲工作，由于他的杰出成就，可以把他看作塑造
非洲建筑新形象的最重要的英国建筑师。位于伊巴丹的
尼日利亚大学（1959—1960年，图13）是弗赖伊和他
的妻子J.德鲁（1911年生）合作设计的，他们在设计中
引用了"国际主义风格"的建筑语言并根据当地的气候
条件做了折中处理。[31]

14 "微笑的狮子"公寓
　洛伦索-马贵斯（今马普托），
　莫桑比克，1956—1958 年
　建筑师：A.盖德斯

　　把非洲传统的文化要素进一步引入建筑设计的是
J.埃利奥特（1928年生）。他在1956年至1957年设计他
位于卢本巴希的住宅时，重新思考如何把西方现代建筑
学的内涵与古代非洲传统建筑的基本空间形式和居住
模式结合起来。A.盖德斯（1925年生）在1965年设计

15 联合女子中学
　　吉库尤，坦桑尼亚，1957—1974年
　　建筑师：R. 休斯

了"米格尔·邦巴德台地"公寓。在此以前的1956年至1958年，他还设计了"微笑的狮子"公寓（图14）。这两所公寓都建在莫桑比克的首都洛伦索-马贵斯（今马普托）。在这两所公寓中，盖德斯富于想象力地解决了基本空间和社会因素问题，他所遇到的情况与J.埃利奥特相同，即建筑的业主不是非洲人。盖德斯还在1960年至1965年设计了"兹瓦兹-津巴布韦"公寓，在1963年又设计了"适合妇女居住的"公寓。这两项工程虽然没有投入兴建，但盖德斯在设计中创造出了真正实在的新型非洲建筑形象。[32]N.伊顿设计的几座建筑（如1949年至1950年建在比勒陀利亚的格伦伍德住宅）会使人联想起其建筑形式与大津巴布韦古代遗迹的密切关系。

最先在建筑设计中为非洲当地居民着想的是R.休斯（1926年生），他于1957年到1986年间在内罗毕从事建筑设计工作。在他所设计的许多不同的建筑当中，最具有特殊重要意义的是1957年至1974年建于吉库尤的联合女子中学（图15），这是一座把西方传统与非洲传统融合于一体的新型建筑。除此之外，休斯还于1958年设计了内罗毕的工会总部大楼。[33]

由于情况的变化，这个时期里设计的许多非常吸引人的建筑工程至今也没有兴建。其中包括由法国建筑师M.安德罗和P.帕拉设计的几内亚科纳克里的议会建筑工程（图16），由M.多利沃设计的塞内加尔达喀尔的艺术城工程，由A.布洛克和C.帕朗设计的塞内加尔达喀尔的一座剧场工程（图17），由O.欧卢姆伊瓦设计的拉各斯理工学院与社区中心工程（图18），由吉坂隆正设计的刚果利奥波德维尔（今金沙萨）的文化中心工程（图

16 议会建筑工程
　　科纳克里，几内亚
　　建筑师：安德罗和帕拉
　　照片由建筑师（巴黎）提供

19）和后来在1972年由黑川纪章设计的达累斯萨拉姆的新坦尤全国总部（图20）。在这些有竞争力的工程当中，绝大多数属于文化中心和政府建筑，显示出新独立的非洲国家发展文化建筑的方向和雄心壮志。同时，这也是世界各地建筑师开始把注意力从其他大陆转向充满特殊机遇的非洲的一个标志。回顾这个时期以后的几十年，非洲建筑的发展缺少了精神方面的成果，而较多的是实用主义，人们在1960年左右对非洲建筑发展所怀有的许多较高的期望没有能够实现。

17 剧场工程
达喀尔，塞内加尔
建筑师：A.布洛克和C.帕朗
A.布洛克（巴黎）提供

　　在这一时期里，由非洲建筑师设计和建造的第一批非洲建筑具有开创性的重大意义。这些建筑分布在西非（由O.欧卢姆伊瓦设计）、东非（由D.缪蒂索设计）和马尔加什共和国（由J.拉夫马南特索阿、J.拉法马南特索阿和J.拉贝马南特索阿设计）。[34] 这些由非洲人设计的建筑工程预算通常都十分拮据，但它们开始显示出一种新的传统，一种试图把非洲的过去、现在和将来结合在一起的新的建筑传统。

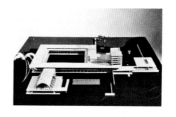

18 理工学院与社区中心工程
拉各斯，尼日利亚
建筑师：O.欧卢姆伊瓦
建筑师（拉各斯）提供

4.独立斗争时期（1960—1979年）

　　1960年以后的20年，非洲进入一个充满期望的时期。许多殖民地获得了独立，其中大多数发生在1960年。其他国家，如塞拉利昂和坦噶尼喀（坦桑尼亚的一个地区）是在随后的1961年独立的，乌干达、卢旺达和布隆迪是在1962年获得独立的。尽管当时还存在许多问题，尤其是在刚果（后来有一段时间叫扎伊尔，现在又重新称为刚果），但总的情况还是十分乐观的。但是随后不久就产生了倒退，刚果的第一任黑人总理卢蒙巴在

19 文化中心工程
利奥波德维尔（今金沙萨），刚果
建筑师：吉坂隆正
东京的建筑师吉坂隆正提供

1961年被杀，跟着在刚果和非洲的其他许多地区燃起了内战的烽火。在这些内战中，前殖民地统治者与非洲雇佣兵的勾结起了重要的推波助澜的作用。这种危险的局面，由于在刚果的卡坦加省发现了铀矿而进一步加剧，因为铀是超级大国发展核武库所需要的。

与新的历史时期密切相关的一个重要问题是城市的规划和建设，其实这项工作早在建立殖民地的首都（如约翰内斯堡、卢萨卡、卡杜纳、索尔兹伯里和德班等）时就已经开始了，在非洲国家独立以后的第一年，令人乐观的是将城市规划的重点放在新城市的建立上，如1970年兴建了作为坦桑尼亚首都的多多马和作为象牙海岸（今科特迪瓦）新首都的亚穆苏克罗以及加蓬的首都利伯维尔，这三座城市都是由意大利建筑师M.多利沃设计规划的，在后来的1979年至1980年，又兴建了由日本建筑师丹下健三设计规划的尼日利亚新首都阿布贾。在上述新建首都城市的例子中，一个重要的特点是：由殖民地统治者建立在国家边境地区的旧首都被中心地区的新建首都所代替，就像巴西用巴西利亚代替旧首都里约热内卢一样。[35]

象牙海岸的亚穆苏克罗是这个时期新建城市中一个典型的例子，按照总统费利克斯·乌弗埃-博瓦尼荒诞不经的想法，在这座城市里仿照罗马的圣彼得大教堂建造了一座中心教堂，在博瓦尼死后，象牙海岸的新总统H.K.贝迪埃放弃了这座城市，并重新在这个国家的北部设计规划了新首都达奥克罗。

非洲其他国家也有新建市的例子。如德国建筑师M.古特和P.皮特佐尔德合作设计规划的埃塞俄比亚位于塔纳湖上的新首都巴哈达尔，其中包括政府中心和各部的建筑、皇家别墅和广大的面向湖边的居住区，这项城市的设计规划在执行过程中还经过了一个保加利亚建筑师小组的广泛修改。又如，比利时建筑师L.克罗尔为中非的卢旺达设计规划了新首都基米胡鲁拉。在非洲的不同地区，还新建了一些集中发展工业的城市，如由G.拉尼奥、M.威尔和J.迪米特里耶维奇设计规划的毛里塔尼亚的堪萨多市和喀麦隆的埃代阿市（图21）。

20 新坦尤全国总部
达累斯萨拉姆，坦桑尼亚
建筑师：黑川纪章
建筑师（东京）提供

大规模的城市规划和建设在非洲的几个地区拉开了帷幕，但主要集中在西非和东非，在这些重要的建筑工程项目当中，还包括采用新技术的能源—环境工程，如一些大坝（1972年建的卡利巴大坝、1961年至1968年建的位于阿科索姆勃的沃尔塔大坝、1972年建的卡菲尔大坝、分别建于1972年和1977年的英加1号和2号大坝、1974年建的卡勃拉巴萨大坝）。[36]

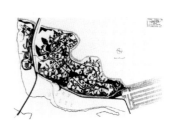

21 城市设计规划
埃代阿，喀麦隆
建筑师：拉尼奥、威尔和迪米特里耶维奇
由ETAP（巴黎）提供

在20世纪60年代和70年代，对非洲建筑发展继续做出贡献的仍然是那些过去曾在非洲做过工程的建筑师，他们中间有E.M.弗赖伊和J.德鲁、德雷克和D.拉斯顿、J.戈德温（1928年生）和G.霍普伍德（1927年生）、K.斯科特、J.埃利奥特、皮特菲尔德和博吉纳、J.库比特（1914—1983年）、A.D.康内尔、A.盖德斯、P.阿本和R.休斯。除了上述这些英国和法国的建筑师以外，来自以色列、意大利、斯堪的纳维亚和东欧国家的建筑师也开始涉足非洲大规模建筑群的设计工作。其中包括1969年至1972年由以色列的A.沙龙和E.沙龙设计的尼日利亚伊费的奥巴菲莫·阿沃罗沃大学，1966年由意大利的R.塞维里诺和科姆泰克设计建于加纳的海岸角大学，

22 德比尔斯钻石分选厂房
金伯利，南非，1970—1974 年

1976年由东欧建筑师S.科尔切夫建造的尼日利亚拉各斯国家剧院，1964年至1969年I.斯特劳斯设计的埃塞俄比亚的亚的斯亚贝巴邮政总局，保加利亚建筑师K.邓达柯夫为尼日利亚设计了拉各斯的大清真寺（可容纳5000名礼拜者）和伊罗尔基体育运动中心，罗马尼亚的C.拉扎雷斯库参与了苏丹喀土穆议会大楼的设计。保加利亚建筑师A.巴罗夫参加了加纳阿克拉国家体育场的建筑设计竞赛。来自斯堪的纳维亚的建筑师有1975年负责设计亚的斯亚贝巴发展中心的A.鲁苏武奥里（1925—1992年），1970年至1973年在乌干达建筑了各种狩猎旅游小旅馆的H.M.汉森。

自1970年以来，在南非可以看到美国建筑的强烈影响，特别是建筑师W.迈耶、G.加拉赫、I.斯科拉波特斯基和R.S.乌伊坦伯加德特的设计，这些人都曾在费城师从路易斯·康学习建筑设计。他们所设计的建筑结构严谨，已经达到了国际上的质量标准（图22）。在勒·柯布西耶和W.格罗皮乌斯的早期影响之后，马丁森和康内尔的设计中可以看出一场新的规模空前的建筑学争论正在非洲建筑界兴起，这种争论使非洲建筑的发展更令人振奋和更具有成果。

当时非洲建筑领域错综复杂的建设大发展情况不仅表现在几个南非、西非和东非国家，如埃塞俄比亚、毛里塔尼亚和布隆迪都建造了许多新建筑，而且还表现在日益扩大的宗教建筑，例如1969年由比利时建筑师L.克罗尔（1927年生）设计的卢旺达吉辛达姆亚加修道院和由瑞士建筑师J.达欣登（1925年生）设计的乌干达天主教布道中心（图23）。[37]达欣登在他的设计中试图运用非洲的特点和形式创造出一个非洲式天主教教堂的原型，从而在天主教与非洲宗教之间建立一种联系。他设计的位于布基纳法索的托西安纳乡村教堂的造型就很像一副非洲的舞蹈面具。[38]

23 天主教布道中心
乌干达，1983 年
建筑师：J.达欣登
建筑师提供

H.R.休斯在肯尼亚吉库尤的几个教堂建筑上运用了完全不同的设计方法。其中，他在 1960 年至 1970 年建于基利菲的克拉普夫–雷布曼纪念教堂中，采用了混凝土与砖，石材与玻璃，既有对比又很协调，令人信服地满足了业主的要求。[39]

在 20 世纪 60 年代和 70 年代，非洲籍的建筑师主要在尼日利亚和肯尼亚的城市中从事设计工作。O.欧卢姆伊瓦（1929 年生）为拉各斯市设计了几所学校，其中较为主要的是 1959 年建于欧格鲍比欧的一所学校以及在 1960 年设计的几所学校。在这几所学校的设计中，他不仅采用了西方现代建筑的自由平面，还应用了约鲁巴人传统建筑中的"呼吸式墙壁"原理。在教室的上方还沿用了非洲建筑的双层屋顶系统，可以形成内部对流通风，以抵御尼日利亚的酷热，这胜过昂贵的空调系统。欧卢姆伊瓦在学校建筑中所采用的色彩也反映出他这种非欧洲的本土建筑师的态度，因为这些具有创新精神的色彩与古老非洲的过去密切相关。[40]

在这一时期，在尼日利亚工作的另一个非洲建筑师是 A.I.埃克乌埃姆（1932 年生），他曾在美国学习并于 1960 年到 1978 年间在尼日利亚从事建筑设计工作，并在 1979 年至 1983 年担任尼日利亚副总统，他设计的建筑有 1961 年建于阿加帕的中等商业联合学校和 1962 年建于拉各斯的一家医院。在这 20 年里，在尼日利亚工作

24 苏联驻毛里塔尼亚大使馆
1977 年
建筑师：F.诺维科夫和 G.萨耶维奇
F.诺维科夫（莫斯科）提供

的非洲建筑师还有O.O.巴罗根，他1972年设计了拉各斯的豪华旅馆，并与S.A.阿里比（1943年生）设计了建于北尼日利亚（卡杜纳）的高层建筑。

在肯尼亚，比较突出的非洲建筑师是D.缪蒂索（1932年生）。他在英国完成学业以后，于1964年担任肯尼亚工程部总建筑师，并负责几座建筑的建设监理，其中包括1974年由K.H.诺斯特威克设计的内罗毕肯雅塔会议中心，这是主体为一座圆形大厦的一个有纪念意义的建筑群。后来，缪蒂索和他的缪蒂索-米尼兹斯国际公司还设计了1974年至1982年建于内罗毕的精神病医院、1975年建于内罗毕的联合国人员住所、1978年建于基吉利的肯尼亚技术师范学院。

在20世纪60年代和70年代，非洲建筑发展中意义重大的一个成果，是那些既满足了非洲新独立国家的紧急需要，又做到了与非洲建筑传统相结合的建筑设计。在这些建筑设计中，有几个是属于综合设计规划的组团式住宅建筑，它们在一定程度上很像非洲的场院式传统建筑构思（图24）。在这个时期，对非洲传统建筑形式和母题在表面上的模仿，已让位于对伟大古代非洲建筑的设计原则在本质上的理解。

在前面所提到的住宅建筑当中，比较重要的有1956年至1957年由J.埃利奥特和P.查布尼尔设计的卢本巴希住宅建筑（鲍伊斯凯公寓），1962年由J. G.霍尔斯特德和D.A.巴勒特设计建于阿克拉附近的克里斯琴伯格城堡的初级职员住宅，1971年由蒙哥马利、奥尔德菲尔德和柯尔比设计建于卢萨卡的赞比亚银行职员公寓。所有这些业已实现的建筑工程项目都是由在非洲具有多年工作经验的建筑师设计的，他们从不同的角度面对着旨在创造一种新型非洲建筑的挑战。

25 鲍伊斯凯公寓
卢本巴希，刚果（原扎伊尔），
1956—1957 年
建筑师：J. 埃利奥特

在设计卢本巴希的鲍伊斯凯公寓（图25）时，J. 埃利奥特从大津巴布韦的古代遗迹中获得了灵感，他把一组单体房屋安排在一个方形的中心庭院的四周。在这位建筑师的思想中，这就是早些时候他在大津巴布韦古代遗迹中发现的空间组织原则。"我们终归要返回到这种设计方法和接受'实心盒子放在打开的盒子里'的概念，因为这恰恰是非洲建筑的一种特征。在加纳的比海弗农村里，在北德兰士瓦的马波加，特别是在南罗得西亚的大津巴布韦遗迹，都可以找到这种特征——形制化的开放式空间或外部空间。"[41]

建在阿克拉的初级职员住宅建筑（图26）是另一个具有开创性的例子：建筑师把各个住宅单元连接起来，利用空间关系使它们形成一个新的整体。每个住宅单元都有一个露天庭院，但邻居看不到它；全部的住宅单元又围绕在一个半公共的庭院四周。这对居民的社区生活是至关重要的，但情况不同的是这里的住户是白人移民，他们是克里斯琴伯格城堡行政管理部门的雇员。

卢萨卡的赞比亚银行职员公寓的设计，体现了把非洲的过去与现在联系起来的另一种途径。位于莎士比亚大街与独立林荫大道拐角处的这个建筑群包括12套两居室和6套三居室，分成三幢独立的建筑围在一块露天中心场地四周。像在阿克拉的住宅一样，每个住房单元都有一个小庭院，用曲线形的蜂窝结构护墙与半公共的庭院隔开，以保障每个家庭的隐私。[42]

在20世纪60年代和70年代，非洲的建筑发展到了

26 初级职员住宅
阿克拉，加纳，1962 年
建筑师：J. G. 霍尔斯特德和
D.A. 巴勒特

一个重要的阶段,走上了一条充满无穷无尽新机会的道路,但是在处理过去与现在结合的问题上还没有达到完全的协调。在1969年,我曾经写道:"在1960年以后不久,非洲人就急不可待地要尽快地用本国人替代外国的建筑师、技术人员和专家。但是即使到了今天,当一个工程项目决策慎重、资金到位、运作良好时,人的肤色也并不是决定性的因素。"在同一篇文章中我继续写道:"按欧美的模式设计的建筑不能满足非洲新兴国家的需要,但是在建筑设计中恢复非洲的部落精神也不是一种可行的替代办法。需要把最近不自觉地活跃起来的非洲传统与国外的最新技术和建筑方法结合起来。"[43]

5.确立一个新非洲的时期(1980—1999年)

自1980年以来,非洲政治与社会的发展是由数不胜数的内部斗争和持续不断的外部入侵所决定的。这种情况打破了先前乐观的景象,并形成前所未有的发展障碍;同时也产生了同样前所未有的机会,造成了人们无法预期的后果。冷战和超级大国之间的利益斗争给非洲国家造成了灾难性的后果:在尼日利亚、苏丹、索马里、安哥拉、卢旺达和布隆迪进行的内战,更是蹂躏了这块大陆的广大地区。[44]

当时发生的这些事件以及雪上加霜的自然灾害和流行疾病,首先使人产生一个疑问:在非洲,新型建筑或是新建社区能否继续得到发展?南非建筑当时的最新发展对此作出了积极的回答,并且堪称是这块大陆的一个样板。在20世纪的最后20年里,南非奇迹般地设计和修建了许多新城市和新建筑,它们以一种不死鸟一样的力量从这块原来一片混沌的土地拔地而起。但是，在发展过程中也产生了许多问题，这些问题依然来源于原先的殖民地思想。

27 市政中心
阿布贾，尼日利亚，1979—1980年
建筑师：丹下健三

尼日利亚首都阿布贾是非洲新建城市中的一个，它是由日本建筑师丹下健三设计规划，并由包括O.欧卢姆伊瓦、Z.阿赫迈德、F.阿雷德、D.欧冈里耶和A.萨姆埃尔等在内的尼日利亚建筑师最后完成的。阿布贾是按130万人口设计规划的，计划用20年时间建成。虽然这座城市的设计没有完全摆脱早期西方城市的模式，但是在设计意图上是按尼日利亚传统来建设的。按照尼日利亚政府1976年颁布的一项法令，仿照华盛顿的哥伦比亚特区，一块面积为8000平方公里的土地被指定用于建设一个尼日利亚联邦特区。这项规划中将壮丽的阿索山作为联邦特区的地貌标志。

在丹下健三的设计规划中，占支配地位的是一条线形的城市轴线，以利于城市未来的扩展，这是他在设计规划中考虑的一个重要因素（图27）。形成城市中心轴线一部分的是国民大会、总统府建筑群和最高法院，丹下健三称之为"三权建筑"。它们的设计都遵循勒·柯布西耶和L.科斯塔早期的城市设计思想。各部委的大楼位于"三权建筑"的南面，与它们毗邻的"国家大道"由代表尼日利亚各个部落的几个小广场组成。位于城市中心的是市政府大楼、国家清真寺、国家大教堂和国家图书馆。

除了一片批评声之外，这项雄心勃勃的城市建设计划没有留下什么东西，N.埃利赫批评说："在阿布贾的城市规划中，最大的弱点是它无端地脱离了尼日

28 拉各斯学院
1989 年
建筑师: D.阿拉蒂昂

利亚城市建设的传统。按照尼日利亚传统，政府中心、宗教中心和庙堂建筑才是城市的重心。与阿布贾不同，尼日利亚传统城市中的建筑都是从城市中心向四周辐射，而只有领导人（首领、国王、巫师、酋长）的建筑才位于城市中心，以便于相互交往，特别是在节日期间"[45]。

象牙海岸的首都亚穆苏克罗也是在差不多同一时期建设的，而且也像其他较早建设的现代城市（如昌迪加尔和巴西利亚）一样，陷入了同样的问题。亚穆苏克罗庞大的市政厅中有一个大会议厅，它的大小有如一个足球场。官方人士仿照西方思维模式行事，在大多数情况下都与当地的传统大相径庭。后来虽然对原来的城市建设计划作了修改，但情况仅是略有改善而已。

在非洲，建筑师事务所除了建设了许多新城市的主体建筑以外，还建设了几所规模较大的高等学府（图28），如由海伦·塞顿建筑师事务所设计、建于南非乌姆拉济的蒙戈苏图理工学院（1979—1982 年），由J.埃利奥特设计的开普敦大学中部校园（1984—1986 年），由A.沙龙和E.沙龙设计、建于尼日利亚伊费的奥巴菲莫·阿沃罗沃大学（1972 年）。在这些新建的非洲高等学府当中，最重要的一个是兰德非洲人大学（RAU），它建在南非的约翰内斯堡，由迈耶—皮纳尔—史密斯建筑师事务所设计，1975 年开工兴建，并且大部分设施业已完工。这所 1968 年开始设计，能容纳 15000 名学生的大学校园由高层建筑组合而成，校园高层建筑由人流路线相互连通并与城市各个部分相衔接。建筑师 W.迈耶认为：这项工程的设计是"在化解

29 西非国家经济共同体银行总部
洛美，多哥，1987—1992 年
建筑师: P.G.阿特帕

诸多质量疑难矛盾，创造具有魅力的艺术和继承部落传统方面的完美结合。"[46]

30 花旗银行
内罗毕，肯尼亚，1998 年
建筑师：规划系统服务局

这个时期，非洲还新建了一批疗养地、狩猎旅游小旅馆以及其他一些旅游建筑，从而开发出大量的旅游资源，如1983年由 R.泰里伯特设计的象牙海岸阿比让的沿海休憩胜地建筑群，1989年由尼日利亚伊巴丹的辛比昂集团设计的肯尼亚的欣巴山小旅馆。当时，非洲还出人意料地新建了一批高质量和完全新型的商业建筑，这反映出非洲已经意识到了正在进行的世界范围的商业竞争和力图富于想象力地表现非洲发展现状的精神，如1987年至1992年建于多哥洛美的西非国家经济共同体银行总部（图29），1990年建于塞内加尔达喀尔的西非国家经济共同体银行（以上两家银行的建筑都是由 P.G.阿特帕设计的），1987年至1992年由 H.拉尔森设计的、建于肯尼亚内罗毕的通信中心，1990年由 W.P.索瓦多哥设计、建于布基纳法索瓦加杜古的西非国家银行，1996年由皮尔斯及其合作者设计的津巴布韦的哈拉雷综合开发区以及1998年由规划系统服务局设计的内罗毕花旗银行（图30）。

令人遗憾的是，这个时期新建的一些有纪念意义的建筑物，却与非洲的历史渊源和现实情况并不相容，甚至互相抵触。其中最特殊的一个例子就是1990年建成的，位于象牙海岸亚穆苏克罗的和平圣母大教堂。这项宗教建筑工程是由象牙海岸已故总统费利克斯·乌弗埃-博瓦尼提议建造的，由来自黎巴嫩的建筑师 P.法柯里设计，其目标不仅是模仿罗马的圣彼得大教堂，而且在规模上要超过它。在西非酷热的气候条

31 纳尔逊·曼德拉住宅
索韦托，南非，1988年
建筑师：M.P. 马莱法内

32 伊费大学自然历史博物馆
伊费，尼日利亚
建筑师：J. 库比特
建筑师提供

33 欧纳索尔太阳能研究中心
尼亚美，尼日尔，1981年
建筑师：L.M. 德帕拉伊德

件下和一个资源极其有限的国家里建造这座大教堂，不仅是一个空前绝后的时代错误，而且维持它的空调系统所需的惊人费用也超出了一般建筑的基本概念，更不用说它是穆斯林占人口大多数的国家里的一座天主教建筑这一事实了。[47]

除了这些作为例外的建筑，如和平圣母大教堂以及个别非洲领导人的府邸和纪念堂以外，非洲近20年新建工程总的发展情况要好于前几十年。许多看起来似乎不可逾越的政治和社会障碍已被克服，像众多的由非洲建筑师设计的建筑所证明的：非洲建筑发展的良好趋势已经可以与其他大陆相提并论了。（图31、图32）

非洲建筑近期发展中的另一个特点是：逐步在农村地区采用非洲当地的传统材料、构筑方法和施工管理模式。在西非，有一些机构，如非洲传统建筑与城市发展协会（ADAUA）正在从事贫民区的改造、保健设施的恢复（如1981年在布基纳法索的瓦加杜古诊所）和毛里塔尼亚的低造价住宅建设（如1977年在罗索-萨塔拉的住宅建筑工程）。在这些建筑工程中，对当地建筑传统的引用不仅表现在广泛采用努比亚（非洲东北部地区。——译者注）式的拱形屋顶和圆形屋顶，还在于沿用适应当地湿热气候的"呼吸式墙壁"以及富于想象力的非洲特有的色彩。[48]

在这个领域里工作的其他建筑师还有A.里维罗（1976年设计了马里的莫普提医疗中心）、J-L.皮文（1982年至1983年设计了马里的巴马科国家博物馆）和L.M.德帕拉伊德（1949年生，1982年至1985年设计了尼日尔的尼亚美法院）。[49]他们的设计成果对非洲农村建筑产生了重大的影响。1977年在毛里塔尼亚兴建的罗索-萨塔拉低造价住宅建筑是由非洲传统建筑与城市发展协会的建筑师小组（A.埃斯蒂夫、J.埃斯蒂夫和L.卡玛拉）设计的，值得一提的是他们解决了许多过去未被注意到的问题。来自埃及的建筑师H.法赛的建筑设计原则和概念富于变革精神，使第三世界的建筑设计思想发生了革命性的变化。[50]L. M.德帕拉伊德在1981年成功地设计了建于尼日尔的尼亚美的欧纳索尔太阳能研究中心（图33），从中人们可以看到非洲能源供给的光明未来。这个研究中心的建筑群里包括试验室、办公室、图书馆、会议厅和住宅。这个单层建筑由许多个小空间组合而成，而每个空间都有一个圆屋顶。机械式的空气冷却系统是用太阳能驱动的。[51]在这里虽然直接看不到非洲过去的文化传统，却恰如其分地把非洲的传统技术用于新的目的。

在非洲建筑走向成熟的过程中，白人建筑师和非洲黑人建筑师都做出了卓越的贡献。对于非洲建筑鼓舞人心的新发展，白人建筑师（如J.埃利奥特、H. H.海伦、R. S.乌伊坦伯加德特、R.休斯和W.迈耶）与非洲黑人建筑师（如P. G.阿特帕、O.欧卢姆伊瓦、W. P.索瓦多哥和D.缪蒂索）在建筑设计中都做出了相同的贡献。这样就形成了一种任何创造文化时期所必需的、活跃的竞争气氛。

34 金兔
  1982 年
  J. 博伊于斯 作
  G.H. 霍特曼（科隆）提供

35 剪影系列
  1980 年
  A. 门迪埃塔 作

结束语

在对 1900 年至 1999 年非洲建筑发展的过程进行了上面这番探索以后，就会产生一个问题：这种发展具有哪些非洲独有的特点和如何把它与世界其他地区的发展进行比较？

非洲的传统在 20 世纪的非洲建筑中得以延续是独一无二和具有特殊意义的，这种现象在世界其他地方还从未发现过。没有其他任何一块大陆像非洲那样，从 20 世纪初的一个殖民地大陆转变为 20 世纪末的一个首次用同一个声音说话的、成熟的、独立的非洲。在文化方面，非洲保持了人、社会与建筑的相互融合，并把这种融合视为至高无上的，这在其他文化中是没有的。正如我早在 1963 年所写的："非洲人从不寻求把自己隔离在房子里隐居。相反地，他们力求永远与大自然和社会接触。因此，房子在非洲意味着一个对社会生活的发展完全开放的地方。当一个建筑师在思考如何创造出一座现代的非洲建筑时，他必须把这一事实牢记心间。"[52]

传统因素与新产生出来的当代艺术概念（在许多国家已成为一种艺术运动）相结合，就会超越早些时候出现的"现代艺术"的表现形式。非洲古代艺术的格调和内涵确实曾经对"现代艺术"产生过强烈的影响，从 P. 毕加索、G. 布雷克、E.L. 基希纳、E. 赫克尔、E. 诺尔德、A. 莫迪格里安尼以及其他载入 20 世纪早期文献的欧洲艺术家的重要作品中，可以感受到这种影响。[53]

艺术方面最新的国际动向是出现了与过去完全不同的局面，它几乎囊括了各种不同的艺术表现形式，虽然生根于较早的艺术形式，但已完全超越了它们。这些艺术表现形式包括即兴演出、表演艺术、身体艺术或环境艺术等，它们通常同时包含戏剧、舞蹈和音乐的要素，使这些艺术形式获得复兴并提升到一个新的水平。[54]艺术大舞台已从静态转为动态，从清晰和确定变成模糊和不确定，已接近于完全没有限制。在这方面，它与非洲文化极其相似。

长期以来，非洲文化中就已确立了人与大地的关系、人类全部活动的雕塑感、舞蹈中的高潮、人际关系中的参与和合作意识。所有这些非洲文化固有的特性在全世界艺术家的思想和艺术活动中博得了普遍的反响和重视。我这里提及的只是这些艺术家当中几位主要人物，如日本的土方辰巳、古巴的A.门迪埃塔、美国的C.施内曼、意大利的P.帕斯卡利以及菲律宾的D.迈达拉，他们在不同领域的创作活动全方位地展现出这一现象，只是过去媒体较少介绍而已。（图34—图37）

在世界其他地方的一些建筑中，可以发现古代非洲建筑的要素，如由古巴建筑师R.波罗设计的几座法国建筑、由美国建筑师F.O.盖里设计的几座西班牙建筑、由建筑师D.利贝斯金德设计的几座德国建筑、由建筑师高琦增原设计的几座日本建筑（图38）和伊拉克建筑师Z.哈迪德设计的几项工程。[55]

虽然上面所说的这些建筑师并非全都像R.波罗（图39）那样自觉地意识到了非洲文化的优越之处，但是他们显示出一种摆脱僵硬的建筑教条的新自由，一种空间和体量的动态关系，一种由体量、构造和色彩三者并重而创造出的平衡，这种平衡关系使人联想到非洲文化所

36 Cavelletto o senzo titolo
   1968 年
   P. 帕斯卡利 作
   米兰现代艺术博物馆提供

37 肉欲
   1964 年
   C. 施内曼 作
   C. 施内曼（纽约）提供

38 土木建筑
1994 年
建筑师：高琦增原
高琦增原（东京）提供

39 埃尔莎·特里奥利特大学
圣丹尼斯，1987—1990 年
建筑师：R. 波罗
R. 波罗（巴黎）提供

蕴含的独特而典型的特征。最近，在 P.G.阿特帕设计的达喀尔和洛美的建筑中，在 W.P.索瓦多哥设计的布基纳法索首都瓦加杜古的建筑中，可以看到他们在一个未知领域里的新起点。这些建筑的形式已经开始表现变化和运动，克服了 20 世纪早期建筑思想中的知识僵化和形式主义。对建筑环境中雕塑运动的感知以及对建筑新的认识——它像人一样有行为表现和社会责任，已经成为普遍关注的问题，甚至将它作为建立相关运动新秩序的第一步。"血液和电流的循环，性与秩序间的渗透融合，大脑、肉体、情感和神话意识，全都被合并到一个新的人类价值体系和一个基于爱和相互帮助的道德体系中去，这将成为一个新纪元的标志。"[56]

到 20 世纪末，非洲将创造出一个在其他大陆也能见到的未来发展的基础。把非洲与世界其他地方建筑发展的最新成果结合起来，将创造出一笔巨大的财富。这将是一个热心探索的过程：克服建筑界早先那种占统治地位的过于理性和机械的概念，而代之以另一种在建筑的色彩、雕塑感和内涵方面富于想象力的新概念。在这个意义上，中部和南部非洲的新建筑可以被看作一种充满希望的建筑。

注释:

1 E.P. 斯金纳,《非洲的人民和文化》,纽约,1973 年,第 7 卷,有关非洲文化的文献目录;P.E. 多斯特:《非洲 1997 年》,第 32 版,哈伯斯渡口,西弗吉尼亚,1997 年,第 237—239 页;《非洲文献目录》,《第三世界季刊 17》,第 5 期,1996 年,第 1029—1078 页。

2 V.Y. 马丁勒,《知识的直觉、哲理和规律》,布卢明顿,1988 年。

3 J.D. 费吉,《非洲编史工作的发展》,《非洲通史》,第 1 卷,巴黎,1981 年。
H.M. 斯坦利在他的以下著作中使用过"黑暗"一词:①《穿过黑暗大陆》,纽约,1878 年;②《在黑暗的非洲》,伦敦,1890 年。
J. 康拉德在他 1899 年所写的非洲小说《黑暗的心》中,把"黑暗"定义为一个说明人类感觉的通用词,并非只与非洲有关。
另见 F. 麦克林恩,《黑暗的心:欧洲人在非洲的探险》,新普罗维登斯,新泽西州,1993 年。
从词源学上看,今天"黑暗"一词有几种否定和负面意义的用法,如"黑市""黑信""黑心"等,甚至 W. 布雷克在他的一首名为《小黑孩子》的诗中也用过类似的词。对照参考 A.A. 马兹鲁伊,《世界文化和黑人的经历》,西雅图,1974 年,第 97—99 页。

4 B. 波特,《错误,黑人……》,开普敦,1971 年。
A.A. 马兹鲁伊,《抗议者的理论》,载于 R.I. 罗特伯格和 A.A. 马兹鲁伊合编《黑非洲的抗议者和力量》,纽约,1970 年。
A.A. 马兹鲁伊,《世界文化和黑人的经历》,西雅图,1971 年。

5 M. 马兰,《到地狱之路:对外国援助和国际救济的破坏作用》,纽约,1997 年。

6 B. 戴维森,《历史中的非洲》(增订版),纽约,1995 年,第 346—368 页;"在 1990 年以前,在非洲的绝大多数事件中,军国主义者和军国主义(和支持他们的利益集团)已经成为毁灭和灾难的起源和保证"。
I.L. 格里菲斯,《非洲事件图表集》,纽约,1984 年,第 66 页。
另见 I.L. 格里菲斯,《非洲的遗产》,纽约,1995 年。

7 U. 库特曼,《非洲》,《印度建筑》,1985 年 3 月,第 285 页。

8 尼日利亚作家 W. 索伊恩科被授予诺贝尔文学奖。

9 P. 波菲夫,《奥斯曼·辛宾的电影作品:非洲电影先锋》,威斯特波特,1984 年。

10 死亡的重要性和永恒的生命循环无所不包的力量,也是古代埃及传统所共有的认识。

11 U. 库特曼,《非洲建筑的新趋向》,纽约,1969 年,第 97 页。

12 I.L. 格里菲斯,《非洲事件图表集》,纽约,1984 年,第 56 页。
R.O. 阿弗拉卢,《1800 年以来的非洲历史》,伊巴丹,1972 年。

13 A.J. 克里斯托弗,《殖民地非洲》,伦敦,1984 年,第 50 页。

14 B. 邦亭,《南非帝国的崛起》,纽约,1986 年。
法属非洲殖民地也把种族隔离作为官方政策。

15 P. 奥利弗,《非洲:建筑》,《艺术词典》,纽约,1996 年,第 1 卷,第 318 页。
非洲传统中也存在活动房屋的概念。例如,在刚果的巴班达就有用植物材料做成的房屋,12 个男人就可以把它搬到目的地。见 H.A. 伯纳兹克,《人种学应用手册:非洲》,因斯布鲁克,1947 年,第 1 卷,第 304 页。

16 R.O. 柯林斯编,《非洲的瓜分:错觉还是现实?》,纽约,1969 年。
几个非洲城市的名称已经随着时间的推移而改变,如利奥波德维尔已变为金沙萨,索尔兹伯里已变为哈拉雷。有的非洲国家的名称也已改变(如布基纳法索、津巴布韦)。在 20 世纪末,非洲人口的 1/3 住在城市里。

17 U. 库特曼，《西非日记》，《莱沃库森杂志》，1962 年，5 月 /6 月号。
另见 N. 埃利赫，《非洲建筑：发展与变革》，纽约，1997 年，第 322 页。

18 U. 库特曼，《非洲》，《印度建筑》，1985 年 3 月，第 285 页。

19 现在只有纳尔逊·曼德拉打破了这种传统。

20 N. 埃利赫，《非洲建筑：发展与变革》，纽约，1997 年，第 225 页。

21 在 20 世纪的头 20 年里，非洲也有少数的旅馆建筑，如肯尼亚的诺福克旅馆、毛里塔尼亚柯尔派普的派克斯旅馆和坦桑尼亚基戈马的凯瑟霍夫旅馆，它们用于接待来自欧洲和美国的首批游客。

22 L. 普鲁森，《加纳北方的建筑》，伯克利，1969 年。
R. 斯纳德，《迪杰尼的大清真寺》，Mimar，1984 年，第 12 期。

23 S.B. 阿拉蒂昂，《尼日利亚近 100 年建筑史》，《尼日利亚杂志》，1984 年，第 150 期。

24 N. 埃利赫，《非洲建筑：发展与变革》，纽约，1997 年，第 70 页。

25 在近来的历史中，拉各斯的国务大楼已被尼日利亚军队领导人所占用，并被称为"多顿兵营"，见 N. 埃利赫，《非洲建筑：发展与变革》，纽约，1997 年，第 316 页。

26 E. 勒琴斯爵士 (1869—1944) 曾访问过南非，并在约翰内斯堡建造了艺术陈列馆（1910 年）和兰德军团纪念馆（1911 年）。他对贝克设计的建筑产生了特别深刻的印象，因此曾邀请贝克参加他在新德里的建筑设计。见 H. 贝克，《塞西尔·罗得和他的建筑师》，1934 年；H. 贝克，《建筑和名人》，1944 年。贝克后来还设计了内罗毕的法院。

27 1956 年在约翰内斯堡出版。

28 N. 埃利赫，《非洲建筑：发展与变革》，纽约，1997 年，第 150 页。

29 A.D. 康内尔（1901—1980 年）生于新西兰，1947 年来到内罗毕并创建了 TRIAD 建筑师事务所，对非洲建筑曾产生过重大影响。
D. 夏普，《东非的现代化运动——A.D. 康内尔设计的工程》，《国际住宅》，1983 年，第 7 期。

30 U. 库特曼，《表现主义还是形式主义？——评巴达尼和罗克斯-多卢特设计的达喀尔法属西非政府大厦》，《室内装饰》，1959 年，第 1 期。

31 E.M. 弗赖伊，《热带潮湿地区的建筑》，伦敦，1956 年。

32 J. 贝纳特，《A. 盖德斯》，《建筑评论》，1961 年，4 月号；
A. 盖德斯，《奇特的建筑》，《今日建筑》，1962 年，第 102 期；
A. 盖德斯，《适合妇女居住的公寓》，《世界建筑》（J. 多纳特主编），伦敦，1965 年；
A. 盖德斯，展览目录，伦敦，1980 年。

33 H.R. 休斯，《东部非洲》，《建筑评论》，1959 年，10 月号。

34 U. 库特曼，《非洲新建筑》，《科隆评论》，1960 年，第 133 期；
U. 库特曼，《评年轻的非洲建筑师》，《非洲》，1962 年，11 月号；
U. 库特曼，《非洲人设计的非洲建筑》，《美丽的住宅》，1966 年，第 306 期。

35 N. 埃利赫，《非洲建筑：发展与变革》，纽约，1997 年，第 335 页。

36 I.L. 格里菲斯，《非洲事件图表集》，纽约，1984 年。

37 1970 年至 1975 年，克罗尔还设计了卢旺达首都基米胡鲁拉的总体规划。

38 J. 达欣登，《非洲的天主教教堂建筑》，《建筑与住宅》，1961 年，第 5 期。

39 U. 库特曼，《非洲建筑的新趋向》，纽约，1969 年，第 58—59 页。

40 欧卢姆伊瓦后来还在他的著作（《为了尼日利亚人民大众的低成本住宅建筑》，拉各斯，1974 年）中表达了他对低成本住宅建筑的关切。在他 1963 年至 1964 年所设计的伊巴丹工程学院中，欧卢姆伊瓦为他的国家的高等教育创造了一个先例。他还是《西非营造商与建筑师》杂志的首任编辑。

41 U. 库特曼，《非洲建筑的新趋向》，纽约，1969 年，第 82 页；
U. 库特曼，《津巴布韦奇观》，《艺术》，1966 年，第 4 期。

42　U. 库特曼，《70 年代的建筑》，伦敦和纽约，1980 年，第 113—115 页。

43　U. 库特曼，《非洲建筑的新趋向》，纽约，1969 年，第 12 页。

44　N. 乔姆斯基在《即将到来的一场新冷战》(1982 年在纽约出版) 一书中曾描述了超级大国利用冷战控制第三世界的阴谋。

45　M. 贝蒂诺蒂，《丹下健三，1946—1996》，米兰，1996 年，第 178 页。
　　N. 埃利赫，《非洲建筑：发展与变革》，纽约，1997 年，第 322 页；
　　马拉维 (旧称尼亚萨兰) 的新首都建在利隆圭。利隆圭的市政厅建于 1968 年，是由建筑师吉尔克和沃尔卓恩设计的。

46　N. 埃利赫，《非洲建筑：发展与变革》，纽约，1997 年，第 66 页。
　　这个建筑师事务所设计的另一个重要工程是 1983 年扩建约翰内斯堡的 E. 勒琴斯爵士的艺术陈列馆，把南非国家的近期发展带进了往昔的殖民地建筑。

47　R.R. 格林克和 G.B. 斯坦纳合编，《非洲展望：文化、历史和艺术作品文选》，牛津，1997 年，第 12 卷；
　　N. 埃利赫，《非洲建筑：发展与变革》，纽约，1997 年，第 278 页。

48　《面向社会的建筑：非洲自然建筑和城市发展协会在西非的工作》，Mimar，1983 年，第 7 期。

49　柯林和 L.M. 德帕拉伊德，《关于尼日尔的习惯传统》，诺尼特，1957 年；
　　L.M. 德帕拉伊德，《非洲建筑》，《成年生活》，1989 年，第 92 期；
　　A. 柯内尔，《一座新型的非洲 "人种" 纪念馆》，《博物馆》，1983 年，第 139 期。

50　H. 法赛，《农村自助住房建筑》，《国际劳工评论》，1962 年，1 月号；
　　H. 法赛，《为穷人建造的建筑》，芝加哥，1973 年；
　　J.M. 理查兹，《I. 萨拉捷尔汀、D. 雷斯托弗和 H. 法赛》，新加坡，1985 年。

51　B.B. 泰勒，《欧纳索尔、尼亚美、尼日尔》，Mimar，1984 年，第 13 期。

52　U. 库特曼，《非洲新建筑》，纽约，1963 年。
　　D. 休斯，《非洲建筑：设计入门》，俄亥俄州，1994 年。

53　W. 鲁宾，《20 世纪艺术中的尚古主义》，慕尼黑，1984 年。

54　U. 库特曼，《第三世界的建筑》，科隆，1970 年。

55　U. 库特曼，《20 世纪的建筑》，纽约，1991 年。

56　U. 库特曼，《艺术和生活：媒体的作用》，纽约，1970 年。

评选过程、准则及评论员简介与评语

D. 阿拉蒂昂
N. 埃利赫
R. 休斯

在本卷的编撰过程中，提出了有关在非洲传统与殖民作用——此种作用至今仍极少被全面而综合地看待——的实例之间创造某种和谐平衡的问题。这个问题迄今还很少进行过全面的探讨。此项任务既是一个挑战也是一次学习经历，其结果是：在非洲，无论是传统的非洲建筑还是殖民建筑都不能予以单独地看待。最终的结论是：非洲的建筑师们不得不越来越多地考虑殖民建筑的表现形式，而外来的建筑师们亦不得不越来越多地尊重非洲的传统要素并把它们融入自己的作品中去。双方的要素都必须在一个平等的基础上予以看待。

除了这些根本性的且不断出现的有关适当评价的困难之外，还要面临那些各地区的差异性问题，如西部非洲、东部非洲、南部非洲，以及那些较为孤立的地区如埃塞俄比亚、莫桑比克和沙漠之国撒哈拉。同时还要把这些建筑按在20世纪的不同时期所发挥的作用进行排序，其成就应根据它们在多大程度上有助于建立起地区同一性来衡量。

在非洲，有大量的建筑师来自该洲之外的国家，有来自东欧和西欧的，有来自美国、以色列和中国的，而他们的贡献也应根据环境的要求和地区传统予以衡量。

在20世纪早期，那些热衷于雄心勃勃象征手法的外来建筑师仅以最低限度的考虑来满足气候方面的要求，然而近期的作品却越来越符合传统以及气候的需要，与此同时亦没有失去那些仍然很重要的象征性外观。

在挑选的过程中主要的目的是要创造一种平衡，在这种平衡的框架下记录选自20世纪五个时期的中、南非洲各个地区的建筑。在与世界各地区进行创造性对话的过程中，非洲建筑正在逐步形成一种新的特色，这种特色是非洲独一无二的。（U.库特曼）

D. 阿拉蒂昂 (David Aradeon)

一位从事教育和实践的建筑师，拉各斯大学建筑学教授。1966年毕业于哥伦比亚大学，因最佳毕业设计论文在美国荣获巴黎留学奖学金。曾在美、法两国的专业刊物上发表为中部尼日利亚所提交的"阿巴贾"方案——一个铁矿开采小镇的规划，其中包括房屋的设计。1968年至1971年，他在福特和法费尔德基金会的资助下，遍游西部、北部非洲，从事人居环境的研究工作。1977年，他在尼日利亚拉各斯担任广受欢迎的《非洲建筑技术》负责人。他目前担任"用泥土建造"组织的主席，这是他和尼日利亚哥德学会共同创立的一个非政府组织。自20世纪70年代后期，他在尼日利亚独立倡导并重新启用黏土砖。他所做的教育学院工程于1990年获国际工程奖。

评语

在对提名建筑进行考虑时，我的指导原则是综合建筑中通常追求的许多因素。

回顾过去，建筑风格总是根据历史时期和流派的划分获得更好的理解和评判。如殖民建筑或建于非洲的大部分建筑，无论是在东部非洲或南部非洲由英国人直接建造的，还是在安哥拉和莫桑比克由葡萄牙人建造的，或是在西部非洲由英国人和法国人建造的，或是在中部非洲由法国人建造的，它们均有某些共同的要素。而20世纪初的欧洲本土，古典复兴式建筑则反映了对于方向和欧洲同一性的探求。

在殖民地区，欧式的古典建筑鲜明地体现了帝国的权力。纪念碑式的惊人尺度有助于获得公共建筑的形象，但这些建筑却脱离了它们服务的殖民地人民。即使在欧洲，这些建筑也没有表现出丝毫的社会相关性，它们只是一种对过去时代的歌颂和赞美。对于殖民地帝国权力的地方代表而言，公共建筑是权威的最有力的象征。对于这些建筑类型和风格来说，其场地的选择和组织当列为最有力的理性活动而予以考虑。

设计反映场所的文化，反映地方特色，并且即使狭义地理解也应与地方特色相关联，这就为现代建筑的认定提供了理性基础。例如，无论是在钢结构中还是在钢筋混凝土结构中，幕墙均是热带地区建筑中的一个设计要素。然而，皮特菲尔德和博吉纳设计的坎帕拉国家剧院和文化中心上幕墙的图案尺度与表现力，却使该活动幕墙与众不同，成为热带建筑中的最佳实例。

N. 埃利赫(Nnamdi Elleh)

美国伊利诺伊州埃文斯顿西北大学博士，博士论文是《尼日利亚阿布贾的建筑和民族主义：联邦特性的思想体系研究》。他是《非洲建筑：发展与交革》（纽约麦格劳·希尔出版公司，1997年）一书的作者。他还写作了几篇关于非洲建筑及其他方面的文章，其中包括：应《建筑与规划研究杂志》之邀，在该杂志1998年夏出版的第15卷第2期上发表的书评；1990年春，在 *CRIT* 第24期上发表的《解构：驳建筑界的一种陈腐思想》；1988年1月，在《新月住宅》（美国威斯康星州米尔沃基威斯康星大学建筑与城市规划系刊物）上发表的《空间建筑：月球基地方案》。在参与评选工作的同时，他正在完成一部有关非洲建筑与政治的著作。

评语

影响建筑作品入选本书的因素很多，但我认为第一位的和最重要的是：入选的建筑作品必须是在非洲大陆可以作为建筑方面的里程碑和在建筑设计与发展中开创先例的。另外，在确定提名的范围时，十分重要的是还要注意建筑的历史背景和文化内涵。例如，在1900年至1960年之间建造的非洲建筑范围很广，殖民地统治政权在这个时期不遗余力地想在文化上同化非洲人民，使他们也用欧洲人的眼光去观察世界，特别是在建筑方面竭力引入希腊和罗马的设计风格。因此，不能低估这一时期殖民地的政治和文化统治对非洲建筑设计的影响。也正因为如此，入选我的名单的1960年以前的非洲建筑，大多是在说明这一时期欧洲与非洲之间文化冲突的事实，特别是存在于殖民者与殖民地非洲人民之间在文化上的紧张对峙状态。

列入我的入选名单的非洲国家独立以后的建筑，负有构筑殖民主义时期以后（20世纪60年代）非洲国家独立纪念碑和表现非洲民族特性的任务。来自非洲新独立的国家的建筑师们，面临着摆脱殖民主义历史遗产束缚的困难，他们必须去解决发展非洲传统建筑风格的问题。但是这个问题十分复杂，因为他们必须认识到发展传统建筑风格不能成为现代化的包袱，必须依靠寻找民族建筑特性的道路去摆脱殖民主义时期强加给非洲人民的外来文化因素。事实上，非洲现在的一些建筑，在强调非洲特点的同时，也非常富有与非洲传统建筑内容无关的现代想象力。

R. 休斯（Richard Hughes）

1926年生，于1953年以论文《在肯尼亚实施取消种族隔离的一项城镇规划》毕业于英国伦敦的建筑协会学院，该论文曾在海外学术团体和英国的学会上展出。此后，他在美国和肯尼亚投身于建筑设计工作，直到1957年在肯尼亚的内罗毕建立了他私人的建筑师事务所。1986年，他退休迁回英国伦敦的奇西克。他在1969年被选为英国皇家建筑师学会会员，他的设计曾多次在英国、德国和肯尼亚不同的场合展出。他在1976年至1978年曾担任内罗毕环境联络中心主席，1976年至1977

年担任联合国环境计划与住房中心顾问。他有许多美术和建筑方面的著作。他还是英国许多学术机构（包括装饰和美术学会全国联合会）的撰稿人和讲演者。

评语

　　入选的建筑作品必须具有代表性和符合年代规定，第二次世界大战以前的建筑，如果是按照前几个世纪古典建筑风格继续建造的，也可以接受。下列的建筑除外：德属东非殖民地（今坦桑尼亚）早期的堡垒和要塞，因为它们是用当地材料建造的，而且结构过于简单；肯尼亚内罗毕的市场，因为它们具有许多第二次世界大战后的建筑的特点，结构千篇一律而且缺乏装饰。

　　对第二次世界大战以后建筑作品的选择比较复杂，入选的标准是：它们必须与建筑地点和国家的经济状况相适应；它们必须是声誉卓著的，或者是在处理气候的问题方面，特别是在限制阳光进入建筑方面富于创新精神的。除了承重墙以外，结构也是设计中的一个重要因素，因此建筑师和工程师所设计和建造的结构的完整性也是十分重要的。

　　在选择过程中，对入选的建筑作品在东非四个国家和毛里求斯国土上的分布情况，也给予了必要的考虑。

项 … 目 … 评 … 介

第 **6** 卷

中、南非洲

1900—1919

1. 圣约瑟夫罗马天主教大教堂

地点：达累斯萨拉姆，坦桑尼亚
建筑师：不详
设计／建造年代：1897—1902

← 1 西面外观
（HP 提供）

传入非洲的罗马风及哥特复兴式建筑，其建筑语言实际上是以欧洲为模式的。像在19世纪与20世纪之交时在非洲建造的许多其他宗教建筑一样，由德国传教士建造的圣约瑟夫罗马天主教大教堂也是欧洲不同地区天主教堂式样的组合，如它西面的正门就是仿照法国哥特式天主教堂建筑的风格。它西立面南侧的锥形塔楼以及正殿两侧的尖拱窗，都是哥特式建筑中后期常用的形式。塔楼上部以及北墙和南墙上的圆窗，使建筑物各部分更为统一协调。

由于达累斯萨拉姆是德国在东非殖民地的首府，所以德国的建筑形式在这个时期建造的许多建筑中随处可见。在达累斯萨拉姆，马丁·路德教堂是这座城市第二个重要的宗教建筑。在东非的其他地区，主要的教堂建筑还有1910年至1914年建于坦桑尼亚巴加莫尤的法国布道教堂；1912年至1925年建于乌干达坎帕拉的鲁巴加大教堂；1918年建于肯尼亚蒙巴萨的罗马天主教大教堂。后者是由G.瓦尔特设计建造的，用以代替较早时在该地建造的教堂。

参考文献

de Blij, Harm, *Dar es Salaam*, Evanston, 1963.

↑ 2 南面外观

（拉各斯的 D. 阿拉蒂昂提供）

↑ 3 北面外观（拉各斯的 D. 阿拉蒂昂提供）

2. 圣乔治大教堂

地点: 开普敦，南非
建筑师: H.贝克爵士和F.E.梅西
设计/建造年代: 1897—1957

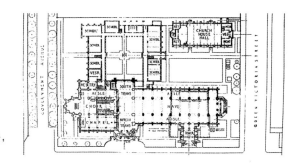

→ 1 平面图
（摘自 D.格雷格，《南非建筑指南》，
开普敦，1971 年，第 97 页）

19世纪末，南非出现的一些官方建筑和商业建筑大多具有当时欧洲建筑的风格，特别是新文艺复兴时期建筑和新巴洛克建筑的风格，而宗教建筑则主要是哥特复兴时期的风格。

开普敦的圣乔治大教堂的建筑风格，也符合南非教堂当时流行的早期哥特复兴式建筑的传统，并且成为这种教堂建筑形式的一个重要典型。在这座大教堂的所在地点，原来曾有过一座由J.希罗设计的老教堂。它始建于1830年，是按希腊建筑复兴时期的风格建造的。这座新的大教堂则是按照H.贝克爵士早期的建筑设计思想建造的。贝克在南非早期建筑的发展中具有重要的地位，他的设计涉及包括宗教建筑在内的多种建筑类型。贝克与F.E.梅西（1861—1912年）在1899年合作设计了这座大教堂，他们选择了十字形的平面布局方案，并在设计中参照几座欧洲历史上典型的教堂建筑的形式，把罗马风和哥特式建筑的要素加以结合。

这座有三间正殿的长方形教堂和与其毗连的回廊，以及南侧的牧师会礼堂和北侧的塔楼，都是在1901年奠基的。H.贝克为他在设计中所作的折中主义选择辩护时说："为了不盲从地依附于任何时期的建筑形式，我在这座大教堂的设计中选择了英国晚期的哥特式建筑庄严

↑ 2 北面俯视
　　（"连接部分"建造前）

宏伟的风格，同时也结合一些同一时期法国建筑的特点。"

这座大教堂的建筑后来曾经过其他建筑师的几度修改。一项由R.福克斯设计的扩建工程于1980年开始动工，计划增加一座钟楼和在西端连接新、老建筑的结构。这座八角形建筑容纳了委员会会议室、休息室和办公室。

和建在达累斯萨拉姆的圣约瑟夫罗马天主教大教堂一样，这座具有哥特复兴式建筑风格的大教堂被视为最适合表达宗教感情的建筑，因为通过它可以把中世纪与现代重新联系起来。这座大教堂与H.贝克在南非和东非设计的各种建筑一样，都在世界范围产生了深刻的影响。

→ 3 东南面景观
→ 4 "连接部分"的南面景观

↑ 5 南面的交叉甬道

参考文献

Day, E., *The Cathedral Church of St. George*, London & Cape Town, 1939.

Keaths, Michael, "Herbert Baker：Architecture and Idealism 1882-1913", *The South Africa Years*, Gibraltar (no year, ca.1980), p.54ff.

Greig, D., *Herbert Baker in South Africa*, Cape Town, 1970.

Greig, D., *A Guide to Architecture in South Africa*, Cape Town,1971.

Elleh, N., *African Architecture：Evolution and Transformation*, New York, 1997, p.57.

Picton-Seymour, Desiree, *Victorian Buildings in South Africa Including Edwardian and Transvaal Republican Styles, 1850-1910*, Cape Town，1977.

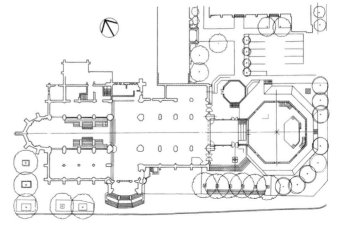

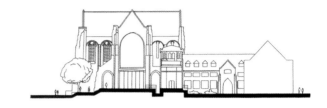

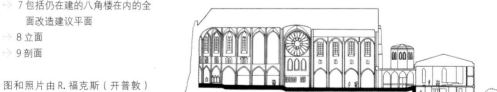

↳ 6 R. 福克斯的全面改造建议模型
↳ 7 包括仍在建的八角楼在内的全
　　面改造建议平面
↳ 8 立面
↳ 9 剖面

图和照片由 R. 福克斯（开普敦）
提供

3. 德班市政厅

地点：德班，南非
建筑师：斯科特、伍拉科特和哈德森
设计／建造年代：1903—1910

德班市政厅与在它以前由 H.A.雷德和 F.G.格林设计的开普敦市政厅及在它之后由霍克和麦金利设计的约翰内斯堡市政厅一样，都是按欧洲历史传统建筑的模式建造的，但是它的规模终归太小，不足以满足日益膨胀的市政管理部门的要求。

德班的第一座市政厅是由荷兰建筑师达德吉昂（Dudgeon）在 1881 年至 1885 年间设计建造的，该建筑属于新文艺复兴时期的建筑风格。该建筑的设计是在一次建筑设计竞赛中选拔出来的，它的建成给当地日益扩展的城市社区树立了一个有代表性的建筑艺术形象。

德班市在 1903 年举办了另一次建筑设计竞赛，这次是为了建造一座横跨整个广场的大型市政厅建筑。这次竞赛的一等奖授予了约翰内斯堡的建筑师斯科特、伍拉科特和哈德森。"新市政厅的建筑是公开竞赛中获得冠军的设计与获得亚军的设计折中的结果。"德班新市政厅的建筑是分部分、分阶段建造的，直到 1910 年 4 月才由总督 L.梅休恩勋爵揭幕启用。它是当时南非的一座有纪念意义的重要建筑物，是显示殖民地政府存在的一个标志。这座新市政厅是按新巴洛克建筑风格设计的，它的中心建筑有一个高出地面 48 米的穹顶，作为殖民地统治者至高无上权力的象征。在建筑群的四角各有一个较小的穹顶。建筑内的中心大厅能容纳 2000 个座席。在建筑对称的正面的中间部分，用雕刻加以重点装饰，使这座建筑在整体上具有一种类似宗教的特性。墙上的铭文说明了这座建筑的意义：它是为这个国家新生的一代而建的。

↑ 1 正面外观
（芝加哥的 N. 埃利赫提供）

参考文献

Greig, Doreen, *A Guide to Architecture in South Africa*, Cape Town, 1971, p.105 ff.
Johnston, Peter and Hyacinthis Naidoo, *Durban Heritage Explored*, Durban(NYC 1980).

Picton-Seymour, Desiree, *Historical Buildings in South Africa*, Cape Town, 1989, pp. 133, 257.
Elleh, Nnamdi, *African Architecture: Evolution and Transformation*, New York, 1997, pp. 230–233.

4. 比勒陀利亚市政厅

地点：比勒陀利亚，南非
建筑师：不详
设计／建造年代：1905

像南非其他更早的政府建筑一样，具有纪念意义的比勒陀利亚市政厅的形状也是对称的，也是以高大的中心八角塔楼作为顶点。建筑的主要入口用古典圣殿式的立面重点装饰，人字形山墙上带有精致的浮雕。两侧的大厅表现为十分朴素的三层建筑，其中可以看到荷兰的建筑传统。这座建筑物的前面有一个水池，强调着纪念性的入口。

参考文献

Elleh, Nnamdi, *African Architecture: Evolution and Transformation*, New York, 1997, p. 220.

1 正面外观
（芝加哥的 N. 埃利赫提供）

5. 塞西尔·罗得纪念堂

地点: 开普敦, 南非
建筑师: H. 贝克爵士
设计/建造年代: 1905—1908

由 H. 贝克设计的塞西尔·罗得纪念堂是英属非洲殖民地政府的一项重要的建筑工程。建筑师为了炫耀由塞西尔·罗得创立的殖民地统治制度,刻意为这座纪念堂选择了古希腊建筑的风格,这种建筑风格的庄严肃穆酷似当时南非社会的种族隔离制度。塞西尔·罗得纪念堂建在戴维尔公园中桌山的山坡上,"它像是一座舞台上的道具,耸立在画有世界上最美的一些景色的背景前面"。

贝克依据山势进行的设计十分令人叹服。"他设计的入口道路给人以深刻印象——四个逐级升高的平台,平台间用分段的台阶相连,台阶的两旁有四对类似斯芬克斯的青铜狮子护卫着。这些青铜狮子是由英国雕塑家和画家 G.F. 瓦茨制作的。"

贝克为这座纪念堂所选择的建筑形式来源于古希腊的赛杰斯塔神庙,但是他把这座建筑摆到了一个突出的环境里。这种环境的突出性,由于布置了由雕塑家 J.W. 斯旺制作的成排狮子和马的雕像作为殖民地政府权力的象征而得到了加强。贝克当时曾经把斯旺派到埃及去研究古代雕塑。斯旺在埃及的

凯尔奈克考察了由埃及第三十王朝法老内克塔内布建造的狮身人面像甬道;在阿蒙神庙考察了公羊雕像甬道。由 G.F. 瓦茨制作的、名为"自然力量"的高大雕塑,可以看作对塞西尔·罗得的尊敬。"这座纪念堂是一个雄伟的对称建筑群,它的顶点是一个 U 形的列柱廊,开口朝向外界的景色。突出的圆柱门廊封闭了最后一段台阶,它连同一样粗大的圆柱,贝克曾发展用于金伯利纪念堂中。"

↑ 1 全景

（芝加哥的 N. 埃利赫提供）

参考文献

Greig, Doreen, *Herbert Baker in South Africa*, Cape Town, 1970.
Greig, Doreen, *A Guide to Architecture in South Africa*, Cape Town, 1971, p. 215.
Keaths, Michael, "Herbert Baker: Architecture and Idealism, 1882-1913", *The South Africa Years,* Gibraltar (no year, ca.1980).
Crump, Alan and Raymond van Niekerk, *Public Sculpture and Reliefs*, Cape Town, 1988.
Elleh, Nnamdi, *African Architecture: Evolution and Transformation*, New York, 1997, p. 225.
Picton-Seymour, Desiree, *Historical Buildings in South Africa*, Cape Town, 1998, p. 35.
Exhibition Catalogue "Blank-Architecture, Apartheid and After", edited by Hilton Judin and Ivan Vladislav, Rotterdam, 1999.

↑ 2 外观
（德班的 W. 彼得提供）

6. 大清真寺

地点：迪杰尼，马里
建筑师：I. 特拉奥雷
设计／建造年代：1907

与南非和东非殖民地的建筑千篇一律地都是从欧洲建筑衍生出来的情况不同，西非的殖民地建筑中还包括返回到当地伊斯兰建筑传统的情况。

迪杰尼大清真寺老建筑是在法国殖民当局的指导下建在一座几世纪前的旧建筑的原址上的，它已于1830年被拆除。根据旧时的描述，当时的这座大清真寺"被认为比麦加的卡斯巴赫大清真寺还要漂亮"。迪杰尼大清真寺老建筑的正面朝向麦加，有183英尺（约56米）长和39英尺（约12米）高，在建筑形式上采用了塔门和扶垛。

1907年新建的迪杰尼大清真寺沿用了过去的伊斯兰建筑的形式，这种建筑形式后来在西非被广泛接受。这座清真寺建筑的主要特点是正方的平面、突出于高平台之上和以土砖为主要建筑材料。颇具特色的木梁不仅是结构上的需要，而且是为了保持建筑的特殊风格和起装饰美化作用。建筑内部的空间幽暗而狭窄，这是根据当地的干热气候提出的特殊要求。

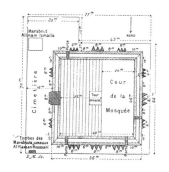

↑ 1 旧清真寺平面
（摘自 *Mimar*）

↑ 2 清真寺外观

参考文献

Prussin, Labelle, *The Architecture of Djenne: African Synthesis and Transformation*, New Haven, 1973.

Snelder, Raoul, "The Great Mosque at Djenne", *Mimar* 12, 1984.

Prussin, Labelle, *Hatumere: Islamic Design in West Africa*, Berkeley, 1986.

Maas, Pierre and Gerd Mommersley, *Djenne: Chef-d'oeuvre architectural*, Eindhoven, 1992, pp. 110-117.

Elleh, Nnamdi, *African Architecture: Evolution and Transformation*, New York, 1997, pp. 247-249.

↑ 3 清真寺远眺
→ 4 内景

照片由阿卡汗文化信托基金会
W. 奥赖利（日内瓦）提供

7. 联邦政府大楼建筑群

地点：比勒陀利亚，南非
建筑师：H. 贝克爵士
设计/建造年代：1910—1912

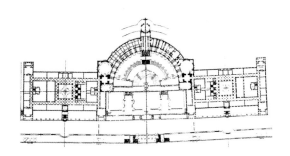

→ 1 平面

　　由H.贝克爵士设计的、建于比勒陀利亚的南非联邦政府大楼建筑群曾被称作"南非的雅典卫城"，它是在荷兰与英国之间的长期战争结束以后建立的南非联邦的象征。这个建筑群坐落在梅因特杰斯山，成功地把政府总部和纪念堂的功能集于一体，既是功能性的，又是象征性的。H.贝克在他的自传里回忆说："这个建筑群有一条中轴线，从两座高耸的象征南非两个民族的圆顶大楼下方的中央可以看到它。我还设想了一座更大的、较低的圆顶建筑，作为最终建立的联邦的象征，一座名人大厅或英雄大厅，以纪念南非所有的伟大人物。"

　　贝克原来设想用柱廊把两座圆顶大楼连接起来。但是这个建筑群并没有完全按贝克的设计建造，如和平圣堂和直通山顶的"神圣之路"就从来没有兴建。这个建筑群于1910年奠基，位置处于一座俯瞰比勒陀利亚城市的小山上，气势庄严宏伟。它由两座围绕庭院建造的大楼组成，两座大楼之间用一座半圆形的列柱建筑连接。主立面是一个连拱廊，它的两侧是双柱叠放而成的柱廊。建筑物的各个部分都有意地象征南非的两个民族（荷兰人和英国人）的统一；两座大楼每一侧的两个亭子则代表南非的四个殖民地。这个建筑群计划使用的材料主要选自南非："……用于

↑ 2 正面景观

（芝加哥的 N. 埃利赫提供）

构筑坚固而较低的挡土墙的硬花岗岩是就地开采的，铺砌两个主要庭院的石材是南非最好的比斯山砂岩，木材用的是罗得西亚柚木，镶板用的是臭木和缅甸柚木，红色的屋面瓦和地面方砖都是在南非的弗里尼欣制造的。"

受巴黎卢浮宫、凡尔赛城堡和格林威治皇家海军医院等欧洲典型建筑的影响，这个建筑群在扩建时增加了圆形剧场、喷泉、盆栽灌木、尖顶塔和圆顶大厅，从而形成一个精致的、有高度感染力的建筑体系。圆形剧场中陈列的赫姆斯雕像，是由雕塑家G.内斯制作的。其他的纪念碑，如斯莫茨纪念碑、比勒陀利亚战争纪念碑和D.伍德纪念碑，都是后来增加的。

贝克在当时这个建筑群的设计上之所以取得了杰出的成就，就在于他能够创造性地把英国乡间建筑与从C.雷恩爵士那里吸

←3 外观
←4 仰视圆顶塔楼
↑5 侧面景观

取的经验结合起来，并且
能够因地制宜地利用建筑
所在地点的环境条件。他
把他所设计的这个建筑群
与它所在地点的地形和景
色和谐地融为一体，这一
点早在1944年就为英国
《建筑评论》杂志的编辑
们所肯定："没有人比贝
克更深刻地理解建筑、建
筑所在地点的环境和建筑
布局之间的内在关系，建
筑内部空间的安排与它的
外延之间的内在联系。"
他们还进一步评论了贝克
在这一建筑设计中所使用
的象征主义手法："如果
谈到建筑只是在象征意义
上达到多种多样的目的
（雷恩只是部分地达到了
这种目的，南非荷兰人和
古希腊是做到同一程度的
另两个例子），那将会形
成一种现代建筑的谴责。
迄今还没有一个实际体验
过贝克的这种设计方法，
感受过他所设计的入口、
中央圆形剧场和柱廊所散
发出的活跃气氛的人，能

← 6 外墙细部
← 7 柱廊细部
→ 8 鸟瞰
（芝加哥的 N. 埃利赫提供）

图和照片由 R. 福克斯（开普敦）
提供

够否认这个建筑群在功能
上的完全成功。"

　　贝克在这个建筑群
的设计中象征南非两个民
族之间的民主与平等的初
衷，并不是指欧洲人与非
洲人，而是指英国人与荷
兰人。贝克也自称他的设
计所象征的南非两个民族
的和解并非指的是白人与
黑人，而是指布尔人与不
列颠人。所以，这座南非
当时最重要的建筑象征着
南非的英国人与荷兰人在
内战之后的和解，同时
也是那一个时代结束的
标志。

参考文献

Baker, Herbert, "The Government Offices of Pretoria and New Delhi", *Journal of the Royal Institute of British Architects 35*, December 1927.
Baker, Herbert, "The Story of the Union Buildings, South Africa", London, p. 207, August 23, 1941; *The Architectural Review* (Special Issue), October 1944.
Greig, Doreen, *Herbert Baker in South Africa*, Cape Town, 1970.
Greig, Doreen, *A Guide to Architecture in South Africa*, Cape Town, 1971,
Picton-Seymour, Desiree, *Victorian Buildings in South Africa Including Edwardian and Transvaal Republican Styles, 1850-1910*, Cape Town,1977, p. 300.
Keith, Michael, "Herbert Baker: Architecture and Idealism(1882-1913)", *The South Africa Years*, Gilbraltar, (no year, ca. 1992).
Irving, R.G., *Indian Summer: Lutyens, Baker and Imperial Delhi*, New Haven,1981.
Vale, Lawrence J., *Architecture, Power and National Identity*, New Haven, 1992.
Elleh, Nnamdi, *African Afrchitecture: Evolution and Transformation*, New York, 1996, pp. 219-221.
Posel, Deborah, Jise Matter, The Apartheid State's Power of Penetration in Exhibition Catalogue "Blank- Architecture, Apartheid and After", edited by Hilton Judin and Ivan Vladislavic, Rotterdam, 1999.

8. 约翰内斯堡市政厅

地点: 约翰内斯堡, 南非
建筑师: 霍克和麦金利
设计/建造年代: 1910—1915

由霍克和麦金利设计的约翰内斯堡市政厅是一座有代表性的殖民地建筑, 它与德班和比勒陀利亚的市政厅一样, 都是被用来显示南非殖民地新政权的杰出代表。这座建筑于1910年11月29日由康诺特公爵和斯特雷瑟恩公爵奠基, 并于1915年3月建成, 总费用为403720英镑。

约翰内斯堡市政厅建筑的设计没有脱离H.贝克早期作品的设计传统 (特别是他在1910年设计的比勒陀利亚联邦政府建筑群), 也采用了欧洲过去建筑的基调, 从而使这座建筑成为一个联系原封建主义政权与新南非国家的象征性标志。这座对称式建筑的主要特点是: 其立面的中央, 是一座正方形的大楼, 中心圆顶在楼的上方高高耸起。楼的入口以爱奥尼圆柱的圆形门廊加以强调, 这些圆柱一直排列到两个侧厅。

后来, 在1930年对这座建筑进行了改建, 其中包括增加第三层、第四层和第五层楼 (原文如此。——译者注)。在1994年, M.F.凯姆斯特拉和霍尔姆斯公司对这座建筑进行了大规模的修复工作。

参考文献

Greig, Doreen, *A Guide to Architecture in South Africa*, Cape Town, 1971, p. 136 ff.
The SubContractor, Nov./Dec. 1994.
Elleh, Nnamdi, *African Architecture: Evolution and Transformation*, New York,1997, p. 235.

↑ 1 外观
（芝加哥的 N. 埃利赫提供）

9. 约翰内斯堡艺术陈列馆

地点：约翰内斯堡，南非
建筑师：E. 勒琴斯爵士
设计／建造年代：1910，1912—1929

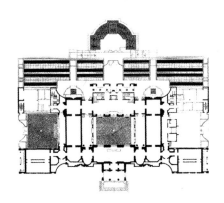

→ 1 平面
（约翰内斯堡的 M. 皮纳尔提供）

约翰内斯堡艺术陈列馆是 E. 勒琴斯（1869—1944年）设计的两座非洲建筑中的一座，另一座是1911年至1912年建于约翰内斯堡的兰德军团纪念馆。这两座建筑都具有英国大师的风格。

勒琴斯设计的约翰内斯堡艺术陈列馆是非洲的第一座现代艺术博物馆。它的第一期工程于1915年开馆，东、西两个侧展厅是由建筑师 R. 豪顿于1946年在勒琴斯初步设计部分的基础上增加的。此后这座建筑一直未完工，直至1983年以后才由迈耶、皮纳尔和史密斯公司最后完成。

按照勒琴斯的原设计，这个艺术陈列馆是一座具有世纪之交时期博物馆风格的建筑，它的平面布局是对称的，砂岩筑成的结构呈现出一种古典式的比例。"这座艺术陈列馆庄严、古典的气质是建立在它的坚固的粗琢岩石基座、宽阔的墙面和严肃的门廊之上的。在门廊两侧的拱形墙上，对称地布置有两个带浮雕的壁龛，是仿照米开朗琪罗创作的佛罗伦萨圣洛伦佐教堂人字形山墙上的壁龛设计的，凭借这两个壁龛所造成的明暗相间的图案，产生了非凡的装饰效果。"

迈耶对勒琴斯未完成的建筑进行的扩建有其自身的重要价值。这次扩建达到了两个目的：把新的建筑形式与传统的建筑形式结合起来并满足现代博

↑ 2 扩建后的艺术陈列馆的夜景

物馆的需要。扩建中使用的米色砖与老建筑原来用的砂岩形成了对比，建筑内部全部以日光照明。根据新的展览要求，对老建筑也进行了改建，例如，对挂展品的墙增添了丰富的色彩。

艺术陈列馆的扩建工程在1986年被南非建筑师学会授予荣誉奖，在1990年被南非建筑师学会授予建筑修复奖。

参考文献

Venturi, Robert and Denise Scott-Brown, "Learning from Lutyens", *RIBA Journal* 8, 1969.
Greig, Doreen, *A Guide to Architecture in South Africa,* Cape Town, 1971, p. 138 ff.
Gradige, Roderick, Edwin Lutyens, "The Last Victorian",

in J. Fawcett, Ed., *Seven Victorian Architects.*

Irving, R.G., *Indian Summer: Lutyens, Baker and Imperial Delhi*, New Haven, 1981.

Percy, Clayre and Jane Ridley, Eds., *The Letters of Edwin Lutyens to His Wife Lady Emily*, London，1985, p. 190 ff.

Sir Banister Fletcher, *A History of Architecture*, 19 edition, London, 1987.

Van der Westhuizen, Ena, "O. W.Meyer: Architect and Philosopher" , *Lantern*, 42,1993.

Elleh, Nnamdi, *African Architecture: Evolution and Transformation*, New York,1997, pp. 61-62.

↑ 3内景细部
（约翰内斯堡的 M.皮纳尔提
供）

← 4，5剖面

10. 开普敦大学

地点：开普敦，南非
建筑师：J. 所罗门
设计／建造年代：1918

开普敦大学较早建成的部分今天称为上校园，它是南非国家创立杰出领导人物教育的一个标志。这所大学原称为南非学院，早在1829年就已建立，并且是南非高等教育的第一座建筑物。

由 J. 所罗门设计的这所新大学的建筑具有双重的特殊意义：一是它的扩建目标宏伟；二是它所在的隆德伯施的德瓦尔大道有该地区最引人入胜的景色。著名建筑师，如 H. 贝克和 E. 勒琴斯等，都参加了这所新大学的选址。

这所新大学已被宣布为南非国家的纪念性建筑。它的校园位于一座山下，周围树木葱茏，形式多种多样的建筑排列成对称的形状，中心是一座形似罗马万神庙的建筑。这种建筑形式在早些时候曾被杰弗逊在设计弗吉尼亚大学时采用过。为了表达殖民地政府的意图，所罗门在这所校园的设计中，没有选择他的老师 H. 贝克所沿用的古希腊建筑风格，而是选择了古罗马建筑的形式。在所罗门死后，这所校园由建筑师霍克和麦金利继续完成，他们曾因设计过包括约翰内斯堡市政厅在内的许多建筑而享有盛誉。后来增加的大多数建筑都继续保持了所罗门的设计思想。"他的设计方案被作为续建的指导方针，所有的建筑都按照这个方针设计，他的方案中所规定的建筑的轮廓、大小和比例、位置和装修，都被后续的建筑师所遵守。"

在这座校园中，后来增加的主要建筑是：由 R. 福克斯设计的教育系大楼和由 H.C. 弗洛伊德设计的化学工程大楼。这座校园在1984年还扩建了中部校园，是由 J. 埃利奥特设计的。他继续按照所罗门的设计方案来设计有关的建筑，以保证在老的上校

↑ 1 鸟瞰
（芝加哥的 N. 埃利赫提供）

→ 2. 鸟瞰
（开普敦的 J. 埃利奥特提供）

园与新的中部校园之间建立起一种稳定的关系。

参考文献

Walker, E., *The South African College and University of Cape Town*, Cape Town, 1929.
Baker, Herbert, *Architecture and Personalities*, 1944.
Greig, Doreen, *A Guide to Architecture in South Africa*, Cape Town, 1971, p. 215.
Elleh, Nnamdi, *African Architecture: Evolution and Transformation*, New York, 1997, pp. 225-229.
Picton-Seymour, Desiree, *Historical Buildings in South Africa*, Cape Town, 1989, p. 38.

第 **6** 卷

中、南非洲

1920—1939

11. 刚果远洋定期航线终点站

地点：黑角，刚果
建筑师：M. 菲利波特
设计/建造年代：1921

位于刚果黑角的远洋航线终点站大楼是非洲最早的用于国际旅行的建筑，具有19世纪与20世纪之交时期欧洲建筑的风格。这座长方形的、有人字形山墙的建筑和与其相邻的塔楼都沿用了英国自由式建筑的风格，巨大的、高高凸起的斜屋顶极具特色。这座建筑所模仿的原型之一就是法国诺曼底的多维尔车站。

参考文献

Architectures Francaises Outre Mer, Liege, 1942.

↑ 1 外观

（芝加哥的 N. 埃利赫提供）

12. 非洲人纪念大教堂

> 地点：达喀尔，塞内加尔
> 建筑师：沃尔夫莱夫
> 设计/建造年代：1923—1936

这座有纪念意义的建筑位于一个大公园里，是法国在西非的建筑政策的一个具体体现。建筑师沃尔夫莱夫在设计这座教堂时采用了古典的建筑形式，诸如穹顶、神庙式的立面和作为宗教标志的钟楼。主要的建筑材料是：钢筋混凝土、突尼斯和摩洛哥的大理石以及苏丹的其他石材。教堂中心的大穹顶和立面周围的小穹顶沿用的是拜占庭传统建筑形式和西非古建筑形式（就像在迪杰尼大清真寺可以看到的）。

参考文献

Architectures Francaises Outre Mer, Liege, 1942.

↑ 1 全景
（芝加哥的 N. 埃利赫提供）

13. 斯特恩住宅

地点：约翰内斯堡，南非
建筑师：马丁森、法斯勒和库克
设计/建造年代：1934—1935

马丁森（1905—1942年）在20世纪30年代是非洲最有发展前途的建筑师之一，他独自把"现代建筑"的概念引入了非洲。早年，马丁森曾备受H.贝克的赏识，但在他游历了欧洲以后，却受到了W.格罗皮乌斯和勒·柯布西耶愈来愈多的影响。在1932年，他担任了当时颇有影响的杂志《南非建筑实录》的编辑。

在1934年，马丁森开始与J.法斯勒（1910—1971年）结为合伙人，随后B.库克在1936年也加入了他们的建筑师事务所。他们为约翰内斯堡珠宝商斯特恩精心设计的住宅，是非洲现代建筑的一个最好的例子。

这座住宅被设计成具有欧洲现代建筑的风格，特别显露出受勒·柯布西耶于1928年至1931年设计的萨伏伊别墅的影响。这是一套具有单纯的几何形式的建筑，它们围绕着一个圆形的楼梯间构筑，上面是屋顶花园。"当马丁森设计这所住宅时，他刚从欧洲旅行的兴奋中恢复过来，就与他的年轻同事J.法斯勒和B.库克一起开始工作。斯特恩显然是一位十分宽容的委托人，他几乎毫无保留地愿意接受他们对他的这所住宅的设计（B.库克回忆说），尽管这个设计在当时是如此的激进。"

住宅建在一座坡度平缓的小山上。第一层中间部分是带壁炉的起居室。第二层是一排三间带阳台的卧室。第二层与第一层用斜向的楼梯连接，并有开敞的阳台。室外楼梯和栏杆具有海船似的形象，堪与勒·柯布西耶在法国的早期住宅设计相比。这所住宅是用一系列细长的混凝土柱子支撑的，看起来十分轻巧。

↑ 1 外观

参考文献

Herbert, Gilbert, "Martienssen and the International Style, Cape Town 1975", special issue of *The Architectural Review*, Oct. 1944.
Chipkin, Clive M., *Johannesburg Style: Architecture and Society, 1880s-1960s*, Cape Town, 1993, p. 168.

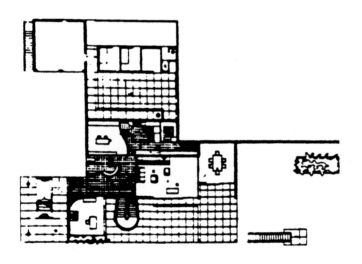

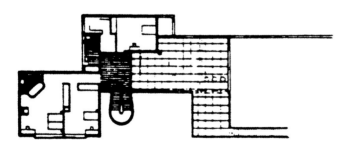

↑ 2 设计图
← 3 底层平面
← 4 二层平面

图和照片由芝加哥的 N. 埃利赫提供

14. 彼得豪斯公寓

地点：约翰内斯堡，南非
建筑师：马丁森、法斯勒和库克
设计/建造年代：1934—1938

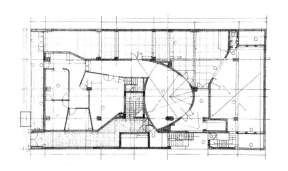

→ 1 平面

彼得豪斯公寓是南非建筑发展中的一项革命性成就，它象征着在同样的政治和社会条件下，建筑形式由早期的殖民地统治者决定，转变为现代主义的判断。这座公寓的设计和建造所引进的现代主义建筑设计原则和现代化的建筑材料，被认为是"开创了南非建筑的新历史"。

这座位于约翰内斯堡布瑞大街的公寓建筑，连同与其相邻的由建筑师汉森、托姆金和芬克尔斯汀设计的"热点"旅馆一起，改变了这座城市的面貌，并且开创了城市未来发展的前景。

近年来，由于商店的增加，这座建筑的外观和功能已经大为改变。

参考文献

Greig, Doreen, *A Guide to Architecture in South Africa*, Cape Town, 1971, p. 147.
Chipkin, Clive M., *Johannesburg Style：Architecture and Society, 1880s-1960s*, Cape Town, 1993, p. 167.

← 2 外观

15. 达累斯萨拉姆博物馆

地点：达累斯萨拉姆，坦桑尼亚
建筑师：吉尔曼
设计/建造年代：1934—1940

这是非洲最早的博物馆建筑类型之一，用于收藏这一地区宝贵的历史文物。它具有对称的建筑结构，在中央展厅的上面有高耸的金字塔形屋顶，中央展厅的前面是门厅。窗户和装饰物的图案及花纹都带有浓重的印度色彩。这座博物馆的现代化扩建工程已于1965年完成。

参考文献

Sykes, Laura and Uma Waide, *Dar es Salaam*, Dar es Salaam, 1977.

→ 1 入口大门

↑ 2 正面外观
　　（拉各斯的 D. 阿拉蒂昂提供）
↪ 3 入口外观
　　（拉各斯的 D. 阿拉蒂昂提供）
↪ 4 内景

16. 马丁森住宅

地点: 格伦塞德，南非
建筑师: R. 马丁森
设计 / 建造年代: 1939—1940

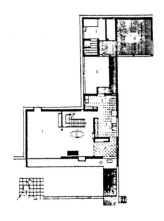

↑ 1 底层平面
　（1.起居室；2.餐厅；3.厨房；4.大厅；5.洗衣间；6.庭院；7.女佣房；8.车库）

↑ 2 二层平面
　（9.书房；10.浴室；11.卧室；12.客房；13.阳台）

当马丁森快要走到他生命的尽头时，他终于有了建造他自己住宅的机会。这座住宅具有勒·柯布西耶20世纪30年代的风格（从设计图纸里就可以明显地看出他的影响：在原建筑结构中采用了一些新的处理方法，如表面装饰和使用多种多样的材料），一部分是一层的平房，一部分是起居区的两层楼房。两层楼一侧的平房是厨房和大厅，另一侧是仆人的住处和车库。主起居室占据了两层，并且用一面大玻璃幕墙重点装饰。

I.普林斯罗把马丁森住宅评价为一个"众多作品和非洲现代化运动的范例"。

遗憾的是这座住宅已历经了几次改建，如50年代给它加建的石板瓦屋顶，就使它变得几乎面目全非。

这所住宅的立面具有特别重要的意义。它的精美微妙的设计明显地超越了早先勒·柯布西耶有关住宅设计的概念，并且创造出一种它自身的恰当表现："这座住宅的白色轮廓就像是一个用直线组成的投影画框，它把水平的屋檐、垂直的端墙和想象中的勒脚线以上的地板

↑ 3 外观

（德班的 W. 彼得提供）

↑ 4 外观
（德班的 W. 彼得提供）

水平投影都包容在内，被创造性地运用的阴影线，使'画框'内的建筑立面浮现于大地之上。"当马丁森死后国际建筑界的舆论对他评价过低时，F.利格在他发表于《南非建筑实录》（1943年1月号）上的讣文中对马丁森倍加赞扬："在我看来，R.马丁森是他这一代人中思想最透彻和积极的一个……虽然他的设计工作只是刚刚开始，但是他已经跻身于勒·柯布西耶、格罗皮乌斯、密斯·凡·德·罗、阿尔托、赖特这些伟大的现代建筑的先驱者行列了。"

参考文献

Gilbert, Herbert, "Martienssen and the International Style", *The Modern Movement in South Africa*, Cape Town, 1975.
Martienssen, Heather, *The Shape of Structure*, Johannesburg, 1976.
Chipkin, Clive M., *Johannesburg Style: Architecture and Society, 1880s–1960s*, Cape Town, 1993, p.181.
Prinsloo, Ivor, "South African Synthesis", *The Architectural Review*, March 1995.
Exhibition Catalogue "Blanc-Architecture, Apartheid and After", edited by Hilton Judin and Ivan Vladislav, Rotterdam, 1999.

第 **6** 卷

中、南非洲

1940—1959

17. 海洋旅馆

地点：蒙巴萨，肯尼亚
建筑师：E. 梅
设计／建造年代：1951—1956

东非建筑的发展情况与南非不同，这种不同主要是在设计来源的选择和解决气候条件问题的方法上。南非建筑师（如R.马丁森）深受勒·柯布西耶和其他现代建筑运动知名人物的影响，肯尼亚的建筑则直接受到从德国移居非洲的现代主义建筑大师E.梅的影响。海洋旅馆是E.梅在非洲设计的最早和最重要的一座建筑，尽管这座建筑在他50年代初所做的原设计的基础上已经历了数次改建。

这座钢架结构的旅馆建筑坐落在一座小山上，大门面对海港。旅馆的房间排成弧形，商店和饭店在门厅处成圆形布置。每个房间都有阳台和浴室，从那里可以看到印度洋的壮丽景色。

参考文献

May, Ernst, "Bauen in Ostafrika", *Bauwelt* 6, 1953.
Holder, Denes, "Neue Bauten von Ernst May in Ostafrika", *Innendekoration* 1, 1952/1953.
Bueckschmitt, Justus, *Ernst May*, Stuttgart, 1963.

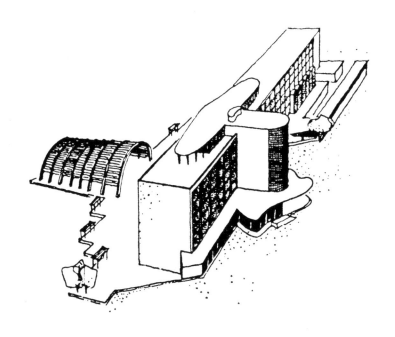

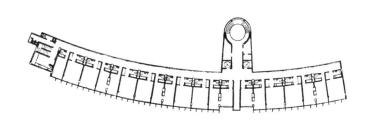

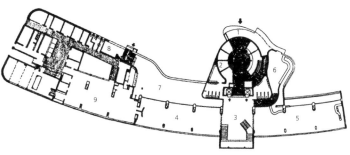

→ 1 轴测图

（ J. 比克施米特提供 ）

→ 2 平面

（ 1. 门厅; 2.Lxden; 3. 楼梯间; 4. 餐
厅; 5. 大厅; 6. 酒吧; 7. 小餐厅; 8. 儿
童餐厅; 9. 烹饪区 ）

18. 西非联合常设理事会宫

地点：达喀尔，塞内加尔
建筑师：D. 巴达尼、P. 罗克斯-多卢特和 M. 杜查姆建筑师事务所
设计 / 建造年代：1950—1956

↑ 1 侧面景观
　（U. 库特曼提供）

坐落在达喀尔的西非联合常设理事会宫的建成，标志着法国西非殖民地建筑的发展达到了它的顶点。这座建筑被用来作为法属非洲殖民地的中心。建筑师们依据法国古典式原则，创造出一座对称的结构。这座六层的大楼建在架空柱上，有一个宽大的中间门廊。设计这座建筑的建筑师们曾在法国和阿尔及利亚工作并积累了丰富的经验，他们的设计显示了法国对它在非洲的殖民地的勃勃野心。在塞内加尔独立以后，这座建筑由新独立国家的议会使用。

参考文献

Architectures Francaises Outre-Mer, Liege,1942.
　"Palais du Grand Conseil de 1'Afrique Occidentale Francaise,Dakar"，L'Architecture d'Aujour d'hui, Fevr, 1957．
Kultermann,U.,"Representation oder Formalismus? Das Zentrum der franzoesischen Verwaltung fuer Westafrika in Dakar von Badani und Roux-Dorlut"，Die Innenarchitektur 1, 1959.

↑ 2 外观
　（U. 库特曼提供）
↓ 3 正面景观
　（达喀尔的摄影艺术家提供）

19. 文化中心

地点: 莫希，坦桑尼亚
建筑师: E. 梅
设计/建造年代: 1952

↑ 1 底层平面
↑ 2 二层平面

　　坐落在莫希的文化中心，是领导现代建筑运动的欧洲建筑师之一、从德国移居非洲的E.梅的一项十分重要的设计。莫希文化中心是非洲咖啡种植园主联合会委托设计建造的，他们中的大多数来自乞力马扎罗地区的瓦查加部落，从而使这座文化中心成为非洲第一座供多种族使用的建筑。

　　这个文化中心的建筑群围绕着一个开敞的庭院布置成一个正方形，这种建筑布局形式符合非洲的传统。在建筑群的第一层，布置有商店、与外面相通的停车场、一个展览大厅（从那里可以进入一个露天的热带花园）和一个洗衣店。二层有办公室、饭店、会议室和图书馆。共三层的文化中心其余部分是旅馆，从旅馆房间里可以远眺基博山壮观的景色。

　　一期工程只建了旅馆的一层，上面作为屋顶花园。二期工程中预定包括一座600人的会议厅。

参考文献

May, Ernst, "Bauen in Ostafri-ka", *Bauwelt* 6, 1953.
Kultermann, U., *Neues Bauen in Afrika*, Tuebingen, 1963.
Sharp, Dennis, "Modern Movement in East Africa: The

Work of Amyas Connell", *Hab-
itat International* 7,1983.
Kultermann, U., *New Directions
in African Architecture*, New
York, 1969, pp. 51-53.
Bueckschmitt, Justus, *Ernst
May*, Stuttgart, 1963.

↑ 3 外观
（U. 库特曼提供）

20. 鲍伊斯凯公寓住宅

地点: 卢本巴希（原伊丽莎白维尔），刚果
建筑师: J. 埃利奥特和 P. 查布尼尔
设计 / 建造年代: 1956—1957

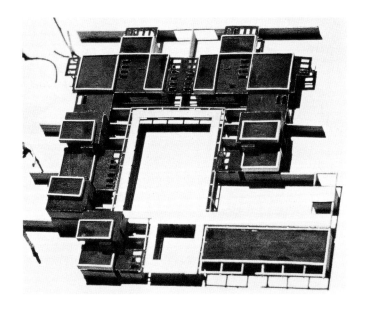

↑ 1 公寓住宅模型

　　埃利奥特设计的，建于卢本巴希的公寓住宅群是50年代非洲住房建筑领域里的一项杰出成就，迄今在住房建筑设计方面仍在非洲保持突出地位。

　　这个建筑群里有六座单独的住宅，它们被布置在一个正方形庭院的周围。这些公寓住宅的设计，沿用了现代主义建筑风格；砖与混凝土的优美均衡，创造出一种几何的和谐。每个住宅单元中都包括有一块邻居看不到的露天场地。

　　虽然这些公寓住宅是供白人居住的，但建筑师仍力图使它们与当地的环

↑ 2 两户住宅

境及过去的建筑传统和谐一致。

但是，埃利奥特并非一味地去模仿和复制非洲古老的建筑形式和布局，而是去注意掌握空间与体积相互关系的精神实质。埃利奥特所直接参照的非洲古代建筑当中，特别重要的是大津巴布韦遗迹，对此他写道："我们终归要回到这种设计方法和接受'打开的盒子里套着实心盒子'的概念，因为这恰是非洲建筑的一种特性。"

参考文献:

Kultermann, U., *New Dirertions in African Architecture*, New York, 1969, pp. 83–84.

↓ 3 细部

照片由 J. 埃利奥特（开普敦）提供

21. "微笑的狮子" 公寓

地点: 马普托（原洛伦索-马贵斯），莫桑比克
建筑师: A. 德阿尔波伊姆·盖德斯
设计/建造年代: 1956—1959

在几十年的建筑设计生涯里，A.德阿尔波伊姆·盖德斯（1925年生）建立起了他个人的建筑设计风格，他把绘画、雕塑、有丰富内涵的结构形式及高度的想象力结合了起来。在他所设计的莫桑比克的许多住宅和学校建筑当中，"微笑的狮子"公寓是最重要和最独特的一项工程。

盖德斯的设计中，不仅包含非洲传统的成分，而且诸如狮子之类的动物的想象也在其中起十分重要的作用。这些动物的形象不仅出现在他象征性的建筑形式里，而且也是他设计的建筑的壁画、镶嵌画和浮雕中的主要内容。

他设计的这个公寓建筑群包括六套公寓、一个底层停车场和一个屋顶花园。在屋顶花园里——用盖德斯自己的话说——"仆人们经常住在波浪形的薄壳顶篷下面，在女儿墙的背面有三角形图案组成的浮雕壁画，壁画涂成柔和的橘黄色、白色和黑色"。按盖德斯的意见，他设计的这座建筑以及其他几座建筑，是迈向"深入人民的建筑，衡量生活尺度的建筑"的积极步伐。

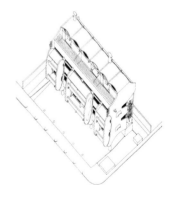

↑ 1 轴测图

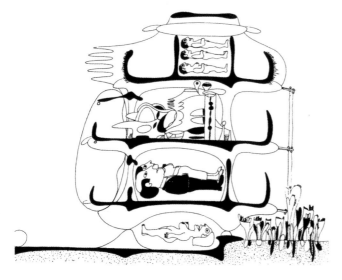

参考文献

Kultermann, U., *New Directions in African Architecture*, New York,1969,p.78.

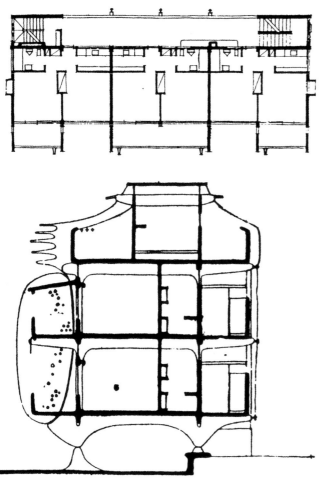

2 "微笑的狮子"公寓内部
（摘自《盖德斯建筑设计展览目录》,伦敦,1980年,第13页）

3 平面
（芝加哥的 N. 埃利赫提供）

4 剖面
（芝加哥的 N. 埃利赫提供）

22. 阿克拉博物馆

地点：阿克拉，加纳
建筑师：德雷克和拉斯顿建筑师事务所（E. M. 弗赖伊和 J. 德鲁、德雷克和 D. 拉斯顿），
D. 拉斯顿
设计 / 建造年代：1956—1957

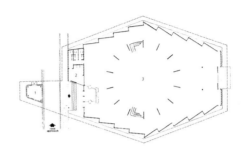

→ 1 底层平面
（1. 小卖部；2. 商店；3. 展览厅）

坐落于阿克拉的博物馆在非洲是一座创新的建筑。在设计和建造这座建筑时采用了高度先进的技术，既达到了预期的结果，也解决了当地气候条件所造成的问题。这座建筑是为黄金海岸政府的公共工程局设计建造的，它当时还可以用作1957年3月举行的独立庆典的大厅。它的外表面装饰是涂漆的混凝土。这座建筑的一个重要部分是它的铝制圆屋顶，其跨度为80英尺

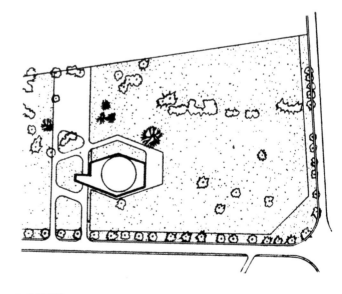

↑ 2 总平面

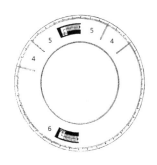

（约24米），在英国预制而成。这座建筑从一开工就引起了特别的关注。

圆屋顶的安装工作由五名工人进行了四个星期才得以完成，证明了在西非采用这样一种结构系统是现实的。

参考文献

The Architect and Building News, Dec. 4 , 1957.
Lasdun,Denys, "An Architect's Approach to Architecture", *RIBA Journal*, April 1965.

↑ 3 外观
　（伦敦的 D. 拉斯顿爵士提供）
↑ 4 二层平面
　（4. 办公室；5. 档案室；6. 贮藏和特殊展览）

图和照片由 D. 拉斯顿爵士（伦敦）提供

23. 阿卡汗五十周年纪念伊斯玛利社区医院

地点：内罗毕，肯尼亚
建筑师：A. D. 康内尔
设计/建造年代：1956—1963

A.D.康内尔于1947年来到了内罗毕并创建了TRIAD建筑师事务所，从那时起该事务所就成为把"现代建筑"引进东非的一个最重要的媒介。像南非的马丁森一样，康内尔的建筑设计思想所受的最主要的影响也是来自法国的勒·柯布西耶。康内尔追随勒·柯布西耶的模式设计的建筑结构简单而优美，创造性地把现代的建筑形式与非洲的环境和谐地融合在一起。

坐落在内罗毕的阿卡汗五十周年纪念伊斯玛利社区医院是一座十层的大楼。它是这个城市的一座重点建筑，安置在它的一个较小的侧面上的螺旋形户外楼梯颇具魅力。遗憾的是，由康内尔设计的原建筑自1963年建成以来进行了重大的改建，如今已看不到原来的面貌。康内尔设计的这所医院在非洲较早的医疗保健建筑中被证明是最有效的和最具独创性的。

参考文献

Sharp, D., "Modern Movement in East Africa: The Work of Amyas Connell", *Habitat International*, 7/1983.
Powers, Alan, "Connell, Ward and Lucas", in *The Dictionary of Art*, Vol.7, New York.

↑ 1 外观（伦敦的 R. 南丁格尔提供）

→ 2 外观
　　（伦敦的 R. 南丁格尔提供）
→ 3 背面景观
　　（内罗毕的桑普森 – IK – 乌梅
　　内建筑师事务所提供）
→ 4 坡道细部
　　（伦敦的 R. 南丁格尔提供）

24. 恩苏卡大学

地点：恩苏卡，尼日利亚
建筑师：J. 库比特
设计/建造年代：1957—1971

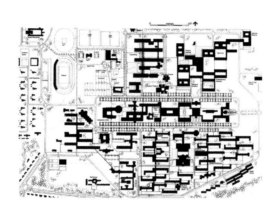

→ 1 总平面

建筑师 J. 库比特（1941—1983）有在世界许多地区从事设计工作的长期而丰富的经验，其中包括利比亚和缅甸教育学院的规划和设计。他早在50年代就被指定设计恩苏卡大学的新校园，但是他的设计直到1971年才得以实现。在非洲新建的大学和学院当中，库比特设计的恩苏卡大学校园是一项创新的成就。

库比特设计的这所校园能容纳3000名学生，其中四分之一是女性。校园的地址选在一个丘陵地区，整个建筑群形成一条1英里（1.6千米）长的主干线，从露天运动场和体育中心一直绵延到大学中心广场。校园的设计中包括：艺术系、法律系、神学院以及行政管理部门的大楼、一座露天剧场、学生会和图书馆、教职员宿舍。所有的教职员都有自己私人的房间。

校园的中心是大学广场，它是由艺术系、法律系、神学院、图书馆、行政管理中心、露天剧场和学生会的建筑围绕形成的。科学与工程系紧临大学广场的西边。

参考文献

Cubitt, James, "University of Nsukka", *The Architectural Review* 745, February 1959.

↑ 2 恩苏卡大学校园图书馆
（设计方案）

↑ 3 科学讲堂
　　（设计方案）
↑ 4 数学统计楼
← 5 物理化学楼

25. 幼儿园

地点：马普托（原洛伦索-马贵斯），莫桑比克
建筑师：A.德阿尔波伊姆·盖德斯
设计/建造年代：1958—1963

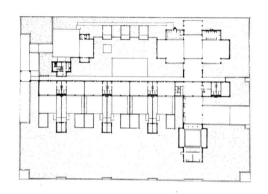

→ 1 底层平面

在建筑师A.德阿尔波伊姆·盖德斯众多业已实现的设计项目中，位于莫桑比克马普托的幼儿园是最意味深长的一个，因为它具有独特的吸引力，充分显示出设计者激动人心和富于想象的能力。这个被称为"金字塔形幼儿园或小孩庇护所"的工程项目在1958年进入开始阶段，它是圣灵怀胎圣母马利亚教堂建筑群的一部分。按照最初的设想，这所幼儿园准备接纳180名幼儿，地址选在这座城市郊区的边缘。但是过了不久，入托的儿童就超过了300人，使工作人员和保育员的住处以及门厅过分拥挤。因而这项工程第二阶段的计划被提上了日程，计划中包括一座大厅、餐室和厨房。

盖德斯的设计思想是以几座在小庭院中展开的正方形房屋作为这所幼儿园的中心。工作人员的住处在第二层，中央金字塔的下方是一座小教堂。三座小金字塔是户外玩具的库房。

参考文献

Donat,John(ed.), *World Architecture One*, London, 1964.
Exhibition Catalogue "Amancio Guedes", The Architectural Association, London, 1980.
Special issue of "Arquitectura Portuguesa", Julio/Agosto 1985.

↑ 2 南面景观

↑ 3 西南面景观
↑ 4 侧翼和入口
→ 5 墙的细部

照片由建筑师（里斯本）提供
平面图摘自《世界建筑》，1964 年

26. 马凯雷雷学院图书馆

地点：坎帕拉，乌干达
建筑师：诺曼和道巴恩建筑师事务所
设计/建造年代：1958—1959

英国的诺曼与道巴恩建筑师事务所曾经参与了乌干达、坦桑尼亚和埃塞俄比亚的一些建筑的设计工作，其中大多数建筑用于教育目的。位于坎帕拉的马凯雷雷学院的图书馆就是他们最早建成的一项设计。

这是一座三层的、水平方向细长的大楼，桥形入口直通到二层。大楼上面的两层有垂直推拉窗。这个图书馆是在较早时候建成的马凯雷雷学院校园中增加的一座建筑。

参考文献

Holdsworth, Harold, "East African Library (1958/1959), Makerere College, Kampala, Uganda", *Library Journal*, Dec.1,1958.
Kultermann,U., *Neues Bauen in Afrika*, Tuebingen, 1963,p.111.

↑ 1 外观

（建筑师提供）

27. 非洲女子中学附属教堂和剧院

地点：吉库尤，肯尼亚
建筑师：R. 休斯
设计／建造年代：1958—1959

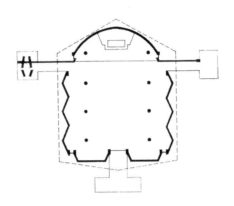

→ 1 平面

坐落在吉库尤的联合女子中学的附属教堂、剧院和音乐教室不仅在吉库尤的非洲人社区的建筑中是一个先例，而且在非洲大陆建筑界开辟了一个新的领域。由于这些建筑的形式简单，材料便宜，只需要很低的工程预算，所以建筑师R.休斯设计的这种建筑形式今后会有继续发展的前途。

旁边带有钟楼的小教堂能容纳300人，是一座斜屋顶的、形式简单的建筑。剧院和音乐教室于1971年委托设计并于1973年建成，它们位于跨过小教堂的一块坡地上，以示对教堂尺度的尊重。这座建筑里包含一个多用途的礼堂，用于表演和室内运动，台下用作音乐教室。室内的通风依靠的是在石头墙上筑出的槽缝，这些槽缝还用来加强礼堂的音响效果。厚重的外墙使这个建筑群强烈地表现出一种非洲的特性。

参考文献

Hughes, Richard, "5 Church Buildings in Kenya", in *Church Building Today*, January 1962.
Kultermann, U., *New Directions in African Architecture*, New York, 1969, p.59.
Smith, J.B., *The History of the Alliance High School*, Nairobi, 1973.

↑ 2 外观

↑ 3 外观
↑ 4 剧院

图和照片由 R. 休斯（伦敦）提供

28. 体育场

地点：库马西，加纳
建筑师：K. 斯科特
设计/建造年代：1958

与皮特菲尔德和博吉纳为坎帕拉设计的一些建筑相比，K.斯科特设计的库马西体育场在创新方面居于领先地位，因为他首先把体育建筑引进了非洲。斯科特在为西非国家所做的建筑设计中广泛地采用了新技术，所涉及的方面包括住房建筑、图书馆和大学校园中的体育场。他设计的这座库马西体育场采用的是钢筋混凝土结构，有1500个座位，这座体育场因其悬臂式屋顶和严整的设计而成为具有现代派观念的杰作。

参考文献

Kultermann, U., "Neues Bauen in Afrika", *Tuebingen*, 1963, Plate 46.

↑ 1 座位区
（摘自 U. 库特曼《非洲新建筑》）

↑ 2 外观

29. 安普菲洛哈住宅建筑群

> 地点：塔那那利佛，马尔加什共和国（1975 年改名为马达加斯加民主共和国）
> 建筑师：J. 拉夫马南特索阿、J. 拉法马南特索阿和 J. 拉贝马南特索阿
> 设计/建造年代：1958—1960

位于安普菲洛哈的住宅建筑群是一个非洲建筑师小组设计规划的一大批住宅建筑群中最早实现的一个项目。在完成这个重要项目的过程中，这些非洲建筑师试图解决他们所面临的日益增加的住房建筑问题。这个住房建筑群呈矩形，按传统的西方形式布置，由多座四层的公寓大楼、两层的联排房屋、带凉台的单层平房与一座位于建筑群中心的四层正方形大楼组成。每座一层的和两层的住宅均配置有一个露天的庭院，供各个家庭私人使用。与这个非洲建筑师小组设计规划的其他工程（如安托比的传统村庄改建工程或塔那那利佛的低收入家庭住宅工程）不同，这个住宅建筑群的建筑处理没有参照马尔加什当地的传统。

↑ 1 塔那那利佛低收入住宅

参考文献

Kultermann, U., *New Directions in African Architecture*, New York, 1969, pp. 86-87.

↑ 2 全景

→ 3 多层公寓
→ 4 多层公寓
→ 5 塔那那利佛低收入住宅

照片由 J. 拉夫马南特索阿（塔那那
利佛）提供

30. 雅利安女子中学

地点：内罗毕，肯尼亚
建筑师：P. 阿本
设计 / 建造年代：1958—1960

内罗毕的雅利安女子中学是在东非早期建筑发展中最有促进作用的学校之一。这所女子中学之所以引人注目，是因为它是以低预算为印度雅利安撒马伊人（又称印度欧罗巴人。——译者注）社区建造的，专为这个国家的一个少数民族服务。在这个意义上，这所女子中学比得上 R. 休斯在同一年代为吉库尤人（肯尼亚的基本居民。——译者注）建造的中学。在这所女子中学的设计中，建筑师 P. 阿本把当代建筑语言融合于当地的建筑之中。

这所女子中学包括一座两层楼的建筑，内有十间教室和办公室。邻近前者的是一座单层建筑，内有盥洗室和存物间；第二座单层建筑供学校工作人员使用。主楼为东西朝向，并且有一部分从地面上架起来，形成一个可供召开大会的有顶空间。在教学楼的前方，有一个供学生使用的运动场。主楼的第二层有与各个教室相通的阳台，主楼梯和主入口的两侧是附设的幼儿园，主入口的西侧是学校行政管理部门和工作人员共用的房间。

钢筋混凝土框架结构和玻璃幕墙是这所学校建筑的主要用材。教学楼的墙壁以及毗连的辅助建筑，采用的是天然石材。

参考文献

Building in *East Africa*, December 1958.
Kultermann, U., *New Architecture in Africa*, New York, 1963, p. 82.

↑ 1 南面景观

← 2 背面景观
← 3 楼梯细部

照片由 P. 阿本（檀香山）提供

31. 尼日利亚大学

地点：伊巴丹，尼日利亚
建筑师：E.M.弗赖伊和J.德鲁
设计/建造年代：1959—1960

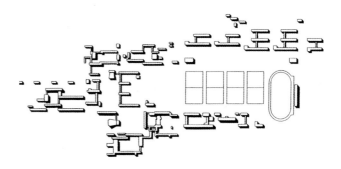

→ 1 总平面

经历了数年规划设计和建设的这所位于伊巴丹的尼日利亚大学，是非洲最早的和最全面的综合性高等学府之一。校园中的主要建筑在一块八平方公里的面积上连接成一条直线，采取东西朝向，以便接受盛行的西南风。E.M.弗赖伊，最杰出的热带建筑设计专家之一，于1944年与J.德鲁来到了西非。他试图设计出一种新型建筑以适应这一地区的气候条件，不久他就成为这方面最活跃的实践家。

在弗赖伊为尼日利亚大学校园拟定的初步设计大纲中，他论证了他的基本设计思想："首先，从学生居住和工作的核心建筑的布局上，你们将注意到：差不多所有的建筑都大致采取西北/东南朝向，以便能挡住盛行风，并引导它吹过长条形的学生卧室兼起居室大楼。"他还概括地做出以下论断："这样设计在生物学和生态学上都是符合实际的。

其特点是：采用从当地开采的石材；富于想象力地利用当地的植物，以达到赏心悦目和改善气候的目的；只在阴凉处使用庄重的当地色彩（在这些部位，色彩显得鲜明而又不会因阳光照射而褪色）。"

这项工程的总体布局和建筑细节都可以作为他这种基本设计思想的例证。带顶篷的人行道形成了各个侧楼之间的桥梁。尼日利亚大学校园的建设，使热带房屋建筑设

↑ 2 餐厅
↳ 3 外观

计专家和建筑师们得以在一项大型工程中验证他们努力的成果。在这项工程中，从综合规划到单座建筑物的设计，都力图适应当地极端湿热的气候。所采取的措施是利用当地传统建筑的一些特点（如穿孔墙或古老的约鲁巴人建筑中的"呼吸式墙壁"），这些特点在集体宿舍和高等院校建筑中占有支配地位。

在这所校园中，主要的建筑之一是一座四层楼的图书馆。这座图书馆同样具有阴凉和通风的特点，达到这一点所依靠的是在建筑物各层的两侧设置贯通的走廊。在这所校园里，一些社会公用设施（例如餐厅）被两侧敞开的大拱顶所遮盖，以保证最大限度的通风。

参考文献

E. Maxwell Fry, "Architecture and Planning in the Tropics", *Optima*, March 1969, p.58.

↑ 4 外观

↑ 5 学生宿舍

图和照片由建筑师提供

32. 尼日利亚铁路公司医院

地点: 拉各斯, 尼日利亚
建筑师: A. I. 埃克乌埃姆
设计/建造年代: 1959—1962

A.I.埃克乌埃姆早年曾在美国学习过建筑学, 随后于1960年至1978年间在拉各斯设立了他自己的事务所。1979年至1983年间, 他担任尼日利亚国家的副总统。位于拉各斯的尼日利亚铁路股份有限公司医院综合大楼, 是由这位非洲建筑师为这种特殊的建筑类型所做的设计中最早实现的项目之一。大楼建在拉各斯的埃布泰梅塔, 在结构上具有多个互相平行的侧楼。这所医院拥有100张病床。这座三层的综合楼配置有阳台, 每座侧楼的端头均有楼梯间相连。

参考文献

Kultermann, U., *New Directions in African Architecture*, New York, 1969, p.66.

↑ 1 外观
（建筑师提供）

第 **6** 卷

中、南非洲

1960—1979

33. 西尼日利亚合作银行

地点：伊巴丹，尼日利亚
建筑师：E. M. 弗赖伊和J. 德鲁、德雷克和D. 拉斯顿
设计／建造年代：1960

↑ 1 黎巴嫩大街上的百货商店和办公用房
↳ 2 银行大楼外观

照片由E.M.弗赖伊和J.德鲁（伦敦）提供

由E.M.弗赖伊和J.德鲁组成的建筑师小组与德雷克及拉斯顿合作，参与了西非国家的多项建筑工程的设计工作。建在伊巴丹的西尼日利亚合作银行是他们参与设计的这些建筑工程中最突出的一个例子。这个建筑群中的一座供银行和各种办公室使用的摩天大楼耸立在伊巴丹市区内，成为当地的一个现代化标志。建筑朝向当地的盛行风，以适应这一地区非常湿热的气候。这个建筑群高度较低的部分位于黎巴嫩大街上，作为百货商店和办公用房。

参考文献

Kultermann, U., *Neues Bauen in Afrika*, Tuebingen, 1963, p.20.

34. 格鲁恩尼森林住宅

地点: 伊塔瓦(恩多拉附近),赞比亚
建筑师: J. 埃利奥特
设计 / 建造年代: 1960

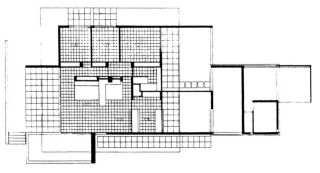

坐落在伊塔瓦的格鲁恩尼森林住宅是一所非常讲究的住宅建筑,且不论它那优雅而现代化的外观,更重要的是它反映了建筑师J.埃利奥特创造性的设计与当地的气候条件完全适应。这所住宅在平面布局上呈矩形,住宅的上部是一个正方形的伞式屋顶,屋顶与它下面的房间分开,从而为这所住宅提供了一把隔热的保护伞。由于壳型结构屋顶的保护和遮蔽作用,房间的内部组织就可以不考虑结构的限制了。

↑ 1 外观
↑ 2 平面

参考文献
:

Kultermann, U., *Neues Bauen
in Afrika*, Tuebingen, 1963,
pp.134–135.

↑ 3 外观

图和照片由建筑师（开普敦）提供

35. 皇冠律师事务所

地点：内罗毕，肯尼亚
建筑师：A. D. 康内尔
设计/建造年代：1960—1979

作为一名建筑师，A.D.康内尔是把现代建筑介绍到东非的一位先驱，尽管他所设计的大多数在东非的建筑如今已经被大大地改动了。在他所设计的许多建筑当中，坐落在内罗毕的皇冠律师事务所是比较重要的一座，而且在当时曾经是东非最先进的几个建筑群之一。后来对这个建筑群所进行的多次改建已经使它面目全非，如今已很难再见到它原来的设计状态。

在这个建筑群的设计中，A.D.康内尔把多种建筑语言混合起来，把它们组合在一个不纯的建筑形式里，用这种方法来协调现代化的外形要求并解决重要的气候适应性问题。墙的结构、墙上的格子窗以及窗子上雕刻出的图案部分地源于印度形式。

参考文献

Sharp, Dennis, "Modern Movement in East Africa: The Work of Amyas Connell", *Habitat International* 7, 1983.
Sharp, Dennis, Editor, *Connell, Ward, Lucas: Modern Movement Architects in England 1929-1939*, London, 1994.
Powers, Alan, Connell, Ward and Lucas, in *The Dictionary of Art*, Vol.7, New York, 1996.

← 1 楼梯细部
　　（伦敦的 R. 南丁格尔提供）
← 2 墙的细部
　　（芝加哥的 N. 埃利赫提供）
↑ 3 停车场方向的外观
　　（芝加哥的 N. 埃利赫提供）

36. 议会建筑群

> 地点: 弗里敦，塞拉利昂
> 建筑师: D. 卡尔米和 R. 卡尔米
> 设计 / 建造年代: 1961—1962

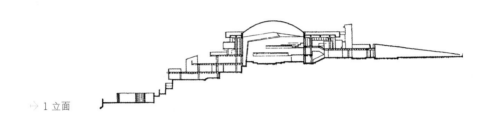

→ 1 立面

↑ 2 议会大厅内景

建在弗里敦的这个议会建筑群是最受人尊敬的塞拉利昂国家独立的象征。它既是一个功能性建筑群，又是一座纪念碑。这个议会建筑群建在弗里敦市外的一座小山上，它的组成包括位于建筑群中心的穹顶议会大厅、议员休息室、图书馆、带厨房的自助餐厅、议员委员会会议室和一个供议员使用的露台。这个议会建筑群中的各座建筑按重要性等级顺序在小山坡上自下而上地排列，以穹顶议会大厅作为顶点。

参考文献

Lacy, Bill, *100 Contemporary Architects: Drawings and Sketches*, 1991.

↑ 3 建筑群远眺

↑ 4 模型

↑ 5 外观

图和照片由 D. 卡尔米（特拉维夫）提供

37. 奥巴菲莫·阿沃罗沃大学（原伊费大学）

地点：伊费，尼日利亚
建筑师：A. 沙龙和E. 沙龙
设计/建造年代：1961—1972

→ 1 总平面

从1961年编制选址和校园规划报告开始，以色列的A.沙龙（1902—1984年）和E.沙龙（1933—1995年）建筑师事务所对伊费大学的设计工作持续进行了许多年。这所大学的校址是在经过对其他大学校园和城市规划（包括墨西哥城和巴西利亚市的墨西哥大学）的仔细考察之后选定的。最终选定的校址位于伊费城外2英里（约3.2千米）处的奥帕河边，当地海拔800英尺（244米），校园共占地14000英亩（约5665公顷）。整个建校计划是分阶段进行的：第一阶段建造了人文学科、社会科学、经济、农业和教育等系的大楼；1969年续建了图书馆；1968年至1970年又续建了教育学院；在1970年，最后建造了会议大厅、圆形剧场和行政管理大楼。大学的目标是1975年招收3000名学生，1980年招收6000名学生，最终目标为10000名学生。沙龙建筑师事务所在尼日利亚负责这项工程的建筑师是H.鲁宾。

校园的主要核心是一个2490米×240米的大广场，广场的两侧是行政办公大楼、图书馆和会议大厅。其他所有的教学大楼和住房建筑都围绕着这个中心布置成几个平行的街区，彼此间用花园、庭院和带顶盖的人行道连接。考虑到当地的气候条件，所有的建筑都采取东西向，以避免阳光的辐射热和眩光。自行车和汽车的存车处都位于中心建筑群的边缘，以保持建筑群的核心地区只有行人。

　　校园内绝大多数的建筑物都架在列柱上，以利于空气的流通。建筑物、花园和台地以及连接它们的庭院、人行道和坡道，经过建筑师的精心布置，组成了一个完美的整体。这座校园中比较突出的建筑是：建于1969年的副校长住宅；位于大门坡道上面带有圆窗户的图书馆；建于1970年、架在列柱上的倒金字塔形的教育学院大楼；1970年建的外部带有漂亮壁饰的会议大厅。会议大厅具有多种功能，可容纳1400人。与会议大厅相邻的是圆形剧场，可以容纳3500名观众。

参考文献

Sharon and Sharon, *University of Ife in Nigeria*, brochure of the firm "Recenti realizazzione di Arieh e Eldar Sharon", *Architettura*, Ottobre 1972.

"Deux oeuvres des architects Arieh et Eldar Sharon", *Technique et Architecture*, Novembre 1973.

Elleh, Nnamdi, *African Architecture: Evolution and Transformation*, New York, 1996, p.309.

↑ 3 教育学院
↑ 4 会议大厅和圆形剧场
→ 5 会议大厅平面

图和照片由 E. 沙龙（特拉维夫）
提供

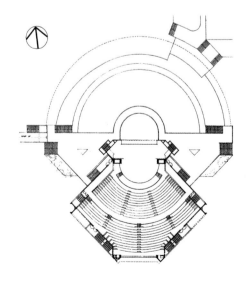

38. 初级职员住宅

地点：阿克拉，加纳
建筑师：J. G. 霍尔斯特德和 D. A. 巴勒特
设计 / 建造年代：1962

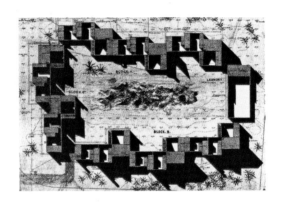

→ 1 平面

在独立以后最初的几年里，一些非洲国家最紧迫的需要之一就是住房建筑，建在阿克拉附近的初级工作人员住宅建筑就是满足这种需要的较早的成果。这个住宅建筑群是由年轻的英国建筑师D.A.巴勒特设计的，他在阿克拉的工程部总建筑师J.G.霍尔斯特德的事务所工作。他的这项设计在选址、规划和考虑工程需要的紧迫性方面都堪称成功的范例。

这个住宅建筑群建在靠近17世纪D.克里斯琴伯格城堡的一个小山谷里，用来作为居住在城堡中的政府官员的非洲服务人员住宅。若干单幢的三层住宅楼围绕着一个半公用的庭院；每幢住宅另外还有一个私人的露天小庭院，以保障家庭的隐私。有一个斜楼梯通往第二层。成排的住宅A与成排的住宅B和C之间成直角。半公用庭院较短一侧的开口被公共洗衣房所封闭。

这个住宅建筑群总的环境特点是在整体上与非洲的传统建筑原则协调一致，这些特点包括对开式的窗户、对毗邻的克里斯琴伯格城堡的各种建筑形式的模仿和保持现代建筑语言的运用。

参考文献

E. Maxwell Fry and Jane Drew, *Tropical Architecture in the Dry and Humid Zones*, Malabar, 1982.
Kultermann, U., *New Directions in Modern African Architecture*,

New York, 1969.
Kultermann, U., *New Architecture in Africa*, New York, 1963, pp.162-163.

↑ 2 住宅群外观

↑ 3 住宅外观（U. 库特曼摄）

↑ 4 住宅单元平面

除署名者外，其余图和照片由阿克拉的 D.A. 巴勒特提供

39. 小学

地点：拉各斯，尼日利亚
建筑师：O. 欧卢姆伊瓦
设计 / 建造年代：1962—1963

作为一名非洲建筑师，O.欧卢姆伊瓦正在努力解决他的国家面临的一个最紧迫的需求问题：用于教育的建筑。而拉各斯小学的建筑设计正是他这种努力的一个较早的表现。当他结束在欧洲的学习以后，这位非洲建筑师回到了尼日利亚，率先设计了几所学校和其他几座教育建筑。在低预算的条件限制下，他解决了内部空间的自然通风问题，采取的措施是在各个教室的上部形成空气循环。

拉各斯小学的15间单层的教室位于拉各斯市稠密的居民区，布置成在中心相交的三条侧厅。建筑的四周是露天庭院和娱乐区。这所小学还有多条保护性游廊，它们既增加了阴凉区的面积，又便于为不同年龄段的小学生分配游戏场地。建筑的形状被设计成能最大限度地接受自然风。儿童的尺度是设计的最主要根据。建筑色调主要采用红色和棕色，这两种颜色在古老的约鲁巴人的传统中是被经常使用的。

参考文献

Kultermann, U., *New Directions in African Architecture*, New York, 1969.

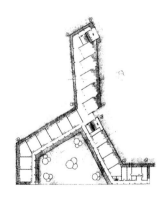

↑ 1 立面
（拉各斯的 O.欧卢姆伊瓦提供）
↑ 2 平面
（拉各斯的 O.欧卢姆伊瓦提供）

3 外观
（U.库特曼摄）

40. 马沙瓦家族教堂

地点：马沙瓦，莫桑比克
建筑师：A. 德阿尔波伊姆·盖德斯
设计/建造年代：1962—1964

A. 德阿尔波伊姆·盖德斯设计的建筑具有一种独特的非洲风格，这一点可以明显地从他所设计的几处居住建筑、教育建筑以及充满象征意义的宗教建筑中看出来。他所设计的这座马沙瓦家族教堂的平面图像是一个十字架符号。这座建筑的几个部分（如教堂入口和两侧的建筑）也成十字形，可以把它们想象成一群围绕着母亲的小孩。"这座教堂像一个被戴滑稽帽子的孩子们包围的妈妈。婚礼厅的屋顶像一艘平底船。这艘生命之舟被四个粗大的双向十字架所保护，从它的一侧可以看到一片树的海洋。它的弯曲的墙壁形成了滚圆的角落、缝隙和凹陷，便于老人晒太阳、恋人隐藏和年轻人观看比赛。"（盖德斯语）

参考文献

Exhibition Catalogue, Johannesburg, 1977.
Guedes, Amancio d' Alpoim, "Half a Dozen Disparate Churches", *Architecture SA*, May/June 1982, p.30.

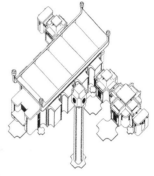

↑ 1 轴测图
（里斯本的A.德阿尔波伊姆·盖德斯提供）
↑ 2 立面细部

41. 联盟大学

地点：雅温得，喀麦隆
建筑师：M. 埃科查德和 C. 塔迪茨
设计/建造年代：1962—1969

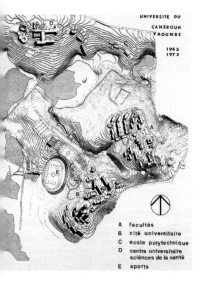

↑ 1 总平面

建在雅温得的联盟大学是喀麦隆几个最大的校园建设项目之一，它反映出非洲国家在独立以后重视发展教育的基本倾向。奠基于1962年的这所大学所设计的规模为能容纳4000名至5000名学生。校园建设的第一阶段，设立了三个系：人文科学系、法律与自然科学系、医学系。校园中的建筑呈水平状态布置，不同部分之间用带顶盖的开敞式通道相连，就像E.M.弗赖伊和J.德鲁在早些时候设计伊巴丹大学所采用过的方法一样。工程所采用的基本材料是混凝土和天然石材。

充分利用的大遮阳板和那些非洲雕塑家及R.P.穆翁的雕塑作品主要决定着校园的外观。

参考文献

"Negritude et architecture contemporaire a l'universite Federale du Cameroon par Michel Ecochard et Claude Tardits", L'oeil, November 1970.
"Michael Ecochard, 1905-1985", Mimar, June 1985.

↑ 2 大会堂和图书馆

← 3 非洲研究中心
← 4 门廊

图和照片摘自 *L'oeil*，1970 年 11 月

42. 塔那那利佛大学集体宿舍

地点: 塔那那利佛, 马尔加什共和国（1975 年改名为马达加斯加民主共和国）
建筑师: R. 西蒙涅特
设计 / 建造年代: 1962—1972

经过早先在阿尔及利亚和法国进行的开创性实践活动之后, R. 西蒙涅特（1927—1996 年）曾对马尔加什共和国的建筑界和当地年轻一代的建筑师产生了巨大的影响。西蒙涅特在马尔加什共和国设计的主要建筑是塔那那利佛大学的学生宿舍, 这项设计的主要特点是建筑群与当地的丘陵地形十分协调。设计成阶梯状的学生宿舍与当地的环境融为一体。

互相连接的各个集体宿舍单元都是矩形的建筑, 建造时使用了当时最先进的材料。西蒙涅特设计的这个大学集体宿舍与非洲其他的学生宿舍（如 F. 鲁特尔在尼日利亚设计的那些学生宿舍）有许多不同之处。但即使如此, 西蒙涅特的这个设计在总体上与国际著名建筑师（如美国的 C. 亚历山大、意大利的 G. 德·卡洛和德国的 G. 鲍赫姆）的设计思想仍然是并行不悖的, 都是追求使建筑设计摆脱陈腐的形式主义和把人民大众的住宅建筑作为城市整体中一个重要的组成部分加以对待。

↑ 1 内庭

↑ 2 俯视

参考文献

Kultermann, U., *New Directions in African Architecture*, New York, 1969.
Schnaidt,Claude and Roland Schweitzer, "Roland Simounet", *Werk, Bauen and Wohnen 6*, 1981.
Kultermann, U., "Roland Simounet ou une architecture de l'urbanite", in Roland Simounet *Pour une invention de l'espace Paris*, 1986.

→ 3 全景
→ 4 阶梯细部

照片由 R. 西蒙涅特（巴黎）提供

43. 议会大厦

> 地点: 内罗毕, 肯尼亚
> 建筑师: A. D. 康内尔
> 设计 / 建造年代: 1963

A.D.康内尔对东非的建筑发展具有先锋式的影响, 他设计的几座建筑在当时曾被视作新建筑的楷模。不幸的是他所设计的建筑大多数由于屡经改建如今已是面目全非了。他设计的内罗毕议会大厦也处于同样的状态, 而当初这个位于市中心的建筑群曾经是国家权力的象征。这座议会大厦的主要部分是一个三层楼的建筑群, 中心具有殿堂式的外表。大礼堂被一个巨大的外伸屋顶所覆盖。十层的议会大厦是这个建筑群醒目的标志。大门采用动态的曲面形状。

参考文献

Sharp,Dennis, "Modern Movement in East Africa: The Work of Amyas Connell", *Habitat International* 7, 1983.
Sharp, Dennis, Editor, *Connell, Ward, Lucas: Modern Movement Architects in England, 1929-1939*, London, 1994.

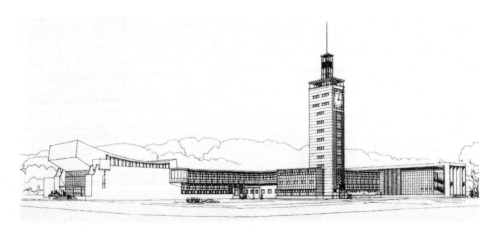

← 1 主立面景观
（内罗毕的桑普森 -IK- 乌梅内建筑师事务所提供）
↑ 2 全景
（TRIAD 建筑师事务所提供）

↑ 3 钟楼外观
← 4 侧面景观
← 5 入口大门

44. 北方警察学院

地点: 卡杜纳, 尼日利亚
建筑师: 戈德温和霍普伍德建筑师事务所
设计/建造年代: 1963

在戈德温和霍普伍德建筑师事务所设计的许多尼日利亚建筑中, 位于北方城市卡杜纳的北方警察学院是其中一个突出的例子。这个建筑群在总体设计上使用的是现代建筑语言。

这所警察学院的建筑包括: 一座两层的会议大厅兼体育馆、几座教学楼、一座清真寺、一座行政管理大楼。行政管理大楼是一座三层的建筑, 里面有教室和行政管理设施。这座大楼还被用作学院的主要入口。会议大厅与行政管理大楼相连, 并可用于休息、教学和体育

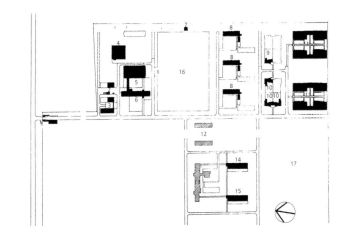

↑ 1 平面

（1.主入口; 2.实习室; 3.商店; 4.清真寺; 5.会议厅; 6.办公及教学区; 7.死刑毒气示教室; 8.宿舍区; 9.B型法院判决区; 10.A型法院判决区; 11.警官区; 12.现在的宿舍; 13.现在的餐厅; 14.国民军新兵娱乐室; 15.警察娱乐室; 16.练兵场; 17.现在的职工住宅）
（摘自《西非建筑与建筑师》, 第61页）

活动。清真寺的设计受中
东古代清真寺的影响，明
显地背离了当地较早建造
的清真寺的传统形式。各
个教学楼都有一部分架在地
面以上，以增加"呼吸式墙
壁"的通风。在西非的传
统建筑中，这种墙壁曾被
广泛使用，以在室内造成
最大限度的阴凉环境。

参考文献

Kultermann, U., *New Directions in African Architecture*, New York, 1969, pp.32-33.

2 清真寺

3 全景
4 大楼底部的架空层

除署名者外，其余图和照片由戈德
温和霍普伍德建筑师事务所（伦敦）
提供

45. 卡萨马大教堂

地点: *卢萨卡，赞比亚*
建筑师: *J. 埃利奥特*
设计 / 建造年代: *1964—1966*

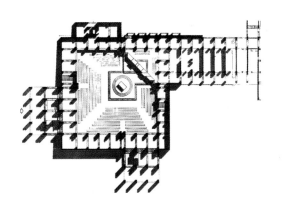

→ 1 平面

卡萨马大教堂是非洲最重要的宗教建筑之一。它有大约1000个座席，排列在教堂内的三面；另外还有一个礼拜日小教堂，占据了主教堂中心部分其余的四分之一面积。在这座大教堂中心的上方是一个壳型结构的屋顶。主教堂的建筑，包括形成内部主要空间的拱顶系统，均采用砖作材料。中央祈祷区上的屋顶为动态形式，而在辅助面积上则采用筒拱屋顶，两者构成了整座建筑的形状变化的屋顶系统。像埃利奥特设计的一些住宅（如阿塔拉住宅）的屋顶一样，这座大教堂的屋顶也被设计成带有一系列曲面的混凝土薄壳结构。因此，这座大教堂曾被称为"屋顶占支配地位的建筑"。这是这位建筑师对非洲建筑传统的一种修改。

参考文献

Elleh, Nnamdi ,*African Architecture: Evolution and Transformation,* New York, 1996, pp.205-218.
Elliott, Julian, "Environmental Explorations", *Spazio & Societa*, 1998.

↑ 2 外观

↑ 3 俯视
↑ 4 内景

图和照片由 J. 埃利奥特（开普敦）提供

46. 海岸角大学社会中心和学生会堂

地点: 海岸角，加纳
建筑师: R. 塞维里诺
设计/建造年代: 1964—1967

海岸角大学社会中心大楼是这所大学校园规划中的一个组成部分。它是根据建筑师R.塞维里诺名为"潜力均等空间"的理论设计的。这个理论的概念是：利用建筑空间可用于多种不同目的的潜在可能性，来达到建筑设计的随意性。这座建筑中，容纳了自助餐厅、学生俱乐部、客房和购物中心。这座建筑是一个长750英尺（约229米）的大型结构，它的设计原则基本上采用了这位建筑师的"潜力均等空间"概念。这种概念在这里具体化为：使学生能在同一屋顶之下进行多

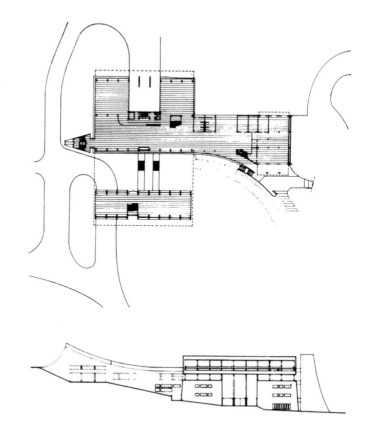

↑ 1 平面
↑ 2 北立面

↑ 3 俯视

种多样的活动，从而最大限度地利用建筑空间。根据这一概念得出的解决办法是：用可移动的墙把建筑空间分隔成一系列大小不等的房间，从而保证了空间利用的最大灵活性。建筑的服务功能只被集中在少数几个位置上。屋顶设计充分利用当地主导风向，以保证建筑有足够的穿堂风。

后来这项工程进行了扩建，增加了一座能容纳300人的学生会堂。会堂被安排在一个平行的侧厅里，通过露天楼梯和沿花园的人行道与社会中心相通。

这个建筑群所采用的主要建筑材料是钢筋混凝土。在这个建筑群的某些部分，建筑师还采用了如今只存在于人们记忆之中的古老非洲建筑的装饰。

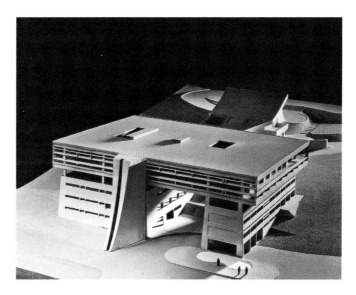

参考文献

Severino, Renato, *Equipotential Space: Freedom in Architecture*, New York, 1970.
Kultermann, U., *New Directions in African Architecture*, New York, 1969.

↑ 4 学生会堂外观
↑ 5 社会中心模型

图和照片由 R. 塞维里诺（罗马）提供

47. 邮政总局和公共电报电话部

地点：亚的斯亚贝巴，埃塞俄比亚
建筑师：I. 斯特劳斯和 Z. 科瓦埃威
设计/建造年代：1964—1970

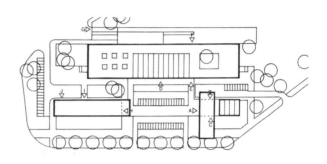

→ 1 平面
↓ 2 模型

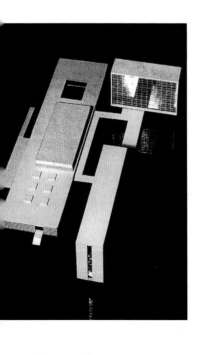

这个给人以深刻印象的建筑群，是根据 Z. 科瓦埃威和 I. 斯特劳斯（1928年生）在 1964 年的国际竞赛中获胜的设计建造的。它由三个主要的部分组成，即邮政总局、公共电报电话部和埃塞俄比亚电讯总公司，总面积为 36000 平方米。这三个建筑虽然自成系统，但它们连接在一起就在亚的斯亚贝巴形成了一个新的城市中心，就在 W. 丘吉尔林荫大道上。建造这个建筑群的目的正在于创造一个改变城市环境的新的城市中心。这个建筑群的形式直接采用了国际风格，完全没有参照当地建筑的传统。该建筑群至今在这个国家仍然非常有名，它的形象被印在埃塞俄比亚 50 分面值邮票上。

↑ 3 外观

图和照片由 I. 斯特劳斯（萨拉热窝）提供

48. 恩克鲁玛科技大学工程试验室

地点：库马西，加纳
建筑师：J. 库比特
设计/建造年代：1965

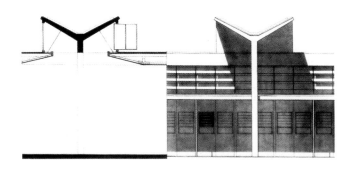

库比特设计的建筑工程遍及世界各地，其中也包括一些非洲国家（利比亚、尼日利亚、塞拉利昂）。其作品还对加纳的新建筑产生过重大的影响，特别表现在他所设计的恩克鲁玛科技大学工程试验室上。尽管这所大学内的主要建筑物都保持一种现代化的风格，但库比特却用当代非洲特有的对流通风的方法解决了当地的气候条件给工程试验室带来的问题。工程试验室是一座修长的建筑，它有一个包含混凝土雨水槽和天窗在内的屋顶系统，以利于它下面的工程试验室具有最好的工作条件。

参考文献

Kultermann, U., *Neues Bauen in Afrika*, Tuebingen, 1963.
Kultermann, U., *New Directions in African Architecture*, New York, 1969, p.26.
Taylor, B.B., "Obituary", *Mimar* 12, 1984.

← 1 工程试验室车间设计图
↑ 2 车间外观

↖ 3 演讲楼
↖ 4 药理实验楼
↖ 5 教学楼

49. 阿拉格邦·克劳斯大学公寓

地点：伊科伊岛，拉各斯，尼日利亚
建筑师：A.沃汉－理查兹
设计/建造年代：1965

作为一位作家、教师和建筑师，A.沃汉-理查兹在尼日利亚的建筑发展中具有重要的地位。他早在1965年就提倡在建筑设计中使用计算机，但同时他也主张在建筑设计中沿用古老的非洲传统。"非洲是一块永远使用模塑形式的大陆，它可能在20世纪后半叶领导建筑的新潮流。"

这个建于伊科伊岛的大学公寓建筑群，包括几座六层的大楼和两层的公寓，用来满足这所校园正在增长的住房需要。公寓中有为单身和没有小孩的年轻夫妇而建的两居室住宅。这个建筑群设计上的独特、功能上的完备以及最大限度的对流通风，都是有目共睹的。设计中还对学校领导的住宅给予了特别的注意，这些住宅被布置在河边，并配有封闭的花园。

参考文献

Vaughan-Richards, Alan, "The New Generation", *The West African Builder and Architect*, March/April 1967.
Vaughan-Richards, Alan, *Future Architectural Design*, Nigeria, 1967.
Kultermann, U., *New Directions in African Architecture*, New York, 1969.

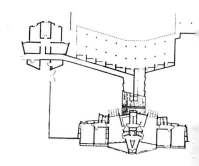

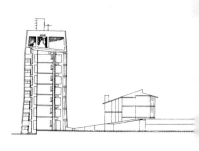

↑ 1 底层平面
↑ 2 剖面
（芝加哥的 N. 埃利赫提供）

↑ 3 副校长住宅
　（拉各斯的 A. 沃汉–理查兹提供）

50. 温泉浴场

地点: 亚的斯亚贝巴，埃塞俄比亚
建筑师: M. 托德罗斯、Z. 埃纳夫和R. 埃纳夫
设计/建造年代: 1965

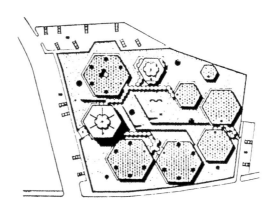

→ 1 总平面

亚的斯亚贝巴公共温泉浴场位于该市的中心区，是按照埃塞俄比亚传统的"哈曼"建造的：中间是公共区域，周围是单座的小房间。这个浴场既为当地公众服务，也接待旅游者。浴场内设有管理部门、旅馆、饭店、商店、从1级到4级的各种类型的浴室以及露台花园。浴场内共有130间浴室、10个淋浴间、2座游泳池和1个水疗部。整个浴场的建筑布局是：各个六角形的建筑单元围绕在一个露天庭院的周围。建筑结构基本上采用砖承重墙加金字塔形的混凝土预制屋顶。内部照明采用蓝色玻璃圆顶加屋顶灯。参加设计这座浴场的埃塞俄比亚建筑师M.托德罗斯后来还在非洲的其他地方（坦桑尼亚）工作过。以色列的Z.埃纳夫与R.埃纳夫建筑师事务所曾经参加过埃塞俄比亚其他大型工程的设计，如外交部大楼（1963年）、亚的斯亚贝巴大学艺术大楼（1964年）、美国学校（1965年）。他们设计的亚的斯亚贝巴皇宫曾获得设计竞赛一等奖，但是皇宫迄今没有兴建。

参考文献

"Thermal Baths, Addis Ababa", *Architectural Design*, October 1965.

2 浴场外观

→ 3 鸟瞰

→ 4，5 内景

图和照片由建筑师提供

51. 赞比亚大学

地点: 卢萨卡, 赞比亚
建筑师: J. 埃利奥特
设计 / 建造年代: 1965—1968

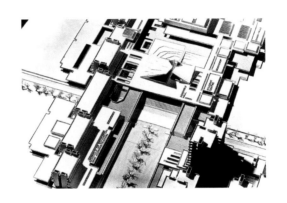

→ 1 模型

↑ 2 中央部分

赞比亚大学是非洲重要的高等学府之一, 它的宏伟校园堪与较早建成的加纳大学、尼日利亚伊费大学、约翰内斯堡大学和开普敦大学 (也是由埃利奥特设计的) 相媲美。建筑师本来曾设想这所大学的校园会在将来沿着一条主干线继续扩建, 但后来由于未曾预料的困难而作罢。

赞比亚大学内的建筑分成两组, 平行地排列在两边, 一侧是教学楼, 另一侧是用于社会活动和娱乐的建筑。这两组建筑被位于中央的会议大厅、广场和图书馆连接起来, 它们与停车场和环行道形成了这个建筑群的主干线。会议大厅像埃利奥特早先设计的卡萨马大教堂一样, 也采用了双层薄壳结构的屋顶, 它是这座校园里一个醒目的标志。

大学各系的建筑高度各不相同, 其中以学生宿舍大楼的高度最高。相邻的学生中心和书店与校园

中大多数其他建筑一样，
偏重于满足功能要求。

Exploitations", *Spazio & Societa*, 1998.

↑ 3 外观

照片由 J. 埃利奥特（开
普敦）提供

参考文献

Kultermann, U., *New Directions in African Architecture*, New York, 1969.
Elleh, Nnamdi, *African Architecture: Evolution and Transformation*, New York, 1996, p.208.
Elliott, Julian, "Environmental

52. 立法院和政府中心

地点：路易港，毛里求斯
建筑师：E. M. 弗赖伊、J. 德鲁建筑师事务所
设计/建造年代：1966—1978

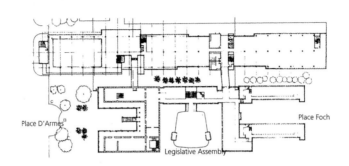

Place D'Armes

Place Foch

Legislative Assembly

→ 1 总平面

E.M.弗赖伊和J.德鲁的建筑师事务所在非洲的几个地区是建筑设计方面的先驱，其所设计的一些重要工程在热带非洲建筑发展的一定阶段里堪称典范。他们在1959年至1960年设计的伊巴丹大学城以及在西非的许多其他教育和商业建筑，给其他的建筑师树立了榜样。

这个建筑师事务所设计的建在毛里求斯路易港的立法院和政府中心，在如何处理新建筑与气候和原有城市结构之间的关系方面提供了另一个范例。这座新建筑位于毛里求斯的首都路易港，取代了原有的18世纪法国政府代表官邸，并且还保持了该城市的低调式样。按照这两位建筑师的说法，他们的目标是不把不相容的要素带进该城市的建筑中去："在这个只有很少几座纪念性建筑物的国家里，决定保留这座优美的三层石木结构建筑，与原有的几座政府办公大楼连接起来，创造出一个核心。"

这座老法国建筑于是被相应地修复了，并被并入了新的整体。新增加的政府各部门的大会堂和办公楼被安置在德阿梅斯宫与富克宫之间，并为之后扩建留有余地。新建筑采用钢筋混凝土结构，部分贴有绿色和黑色大理石。这项工程的另一个阶段是在毗连的一块场地上建设一个政府中心，其中包括政府的各个主要部门和一座能容纳500人的会议与

宴会大厅。

参考文献

Elleh, Nnamdi, *African Architecture: Evolution and Transformation*, New York, 1997.

↑ 2 全景
（前面有一面旗和一座雕像的右侧大楼是18世纪的贸易大楼，左侧的大楼是新增加的）
↑ 3 立法院会议厅内景

图和照片摘自 N. 埃利赫《非洲建筑：发展与变革》（麦格劳·希尔出版公司，1997年）

53. 国家剧院和文化中心

地点: 坎帕拉，乌干达
建筑师: 皮特菲尔德和博吉纳
设计/建造年代: 1968

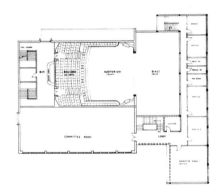

→ 1 平面

乌干达国家剧院和文化中心是首都坎帕拉市的一座重要建筑，它的圆形建筑造型和带有装饰的墙壁吸引了人们的注意。它宏伟的内部空间，与墙壁装饰图案和谐统一，也盖过了人们对它内部功能的评价。这座建筑的设计实质上是追随一种风格，这种建筑风格一部分是由法国的佩雷在20年代创立的，后来由A.D.斯东在他的许多设计中加以发扬光大。由该事务所在坎帕拉设计的另一座主要建筑是国会大厦。

参考文献

Kultermann, U., *New Architecture in Africa*, New York, 1963, p.63.

↑ 2 外观

图和照片由皮特菲尔德和博吉纳（伦敦）提供

54. 修道院

地点：吉辛达姆亚加，布塔雷，卢旺达
建筑师：L. 克罗尔
设计 / 建造年代：1968—1969

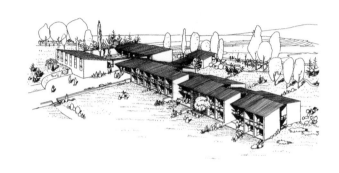

→ 1 轴测图
↓ 2 外观

吉辛达姆亚加修道院建筑群的兴建是中非基督教布道团众多的传教活动之一。布道团兴建的另一座基督教建筑是由J.达欣登设计的米蒂亚纳朝圣中心。克罗尔（1927年生）是受本笃会的委托设计这座修道院的，整个建筑群包括一座两层的楼（楼内有多排单间的密室和客房）和一座可容纳45个座席的小教堂。建筑所用的基本材料是砖，这使整座建筑显得安详而朴素。

克罗尔还设计了卢旺达的一所学院，并编制了卢旺达的新首都基加利的建设规划（1966—1967年）。

参考文献

Kroll, Lucien, "Proposition pour organiser une eglise rwandaise", *La Maison*, December 1968.

Kroll, Lucien, "Recherche pour l'Afrique", *La Maison*, Fevrier 1969.

Kroll, Lucien, *Rauton and Rroiekte*, Stuttgart, 1987.

↑ 3 带顶的人行道和钟楼

↑ 4 外观
↑ 5 墙的细部

图和照片由建筑师提供

55. 肯雅塔会议中心

地点: 内罗毕, 肯尼亚
建筑师: K. H. 诺斯特威克和 D. 缪蒂索
设计/建造年代: 1968—1973

由建筑师 K.H. 诺斯特威克设计的肯雅塔会议中心, 是内罗毕最宏伟壮观的一个建筑群。它从最初计划中的一幢肯尼亚执政党的总部大楼, 最终扩大为一个大得多的建筑群。这项工程的第一阶段, 原来只准备建造一幢四层的大楼, 后来在 J. 肯雅塔的鼓励下, 扩大为包括办公室、会议室和肯尼亚非洲人国民联盟 (KANU) 全国代表大会 (由500名代表组成) 会议大厅在内的一个大建筑群。还是在肯雅塔个人的建议下, 办公大楼也由原来的八层增高到现在的二十二层。会议大厅依照非洲传统的圆形棚屋形式, 设计成一座单独的建筑, 布置在圆形的办公大楼旁边。

肯雅塔会议中心几乎紧靠着康内尔设计的肯尼亚议会大厦和皇冠律师事务所。它的两个组成部分——圆形办公大楼和圆形会议大厅由一座两层高的楼厅连接。建筑师诺斯特威克 "采用了非洲传统的建筑形式, 特别是为建在裙房上的二十二层高的圆形办公大楼和旁边的圆形会议大厅选择了围成圆形的墙和圆锥形的屋顶。裙房中, 安置了接待室、辅助办公室、讲堂、休息

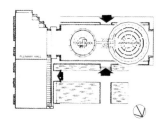

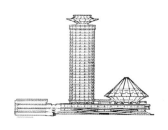

↑ 1 平面
↑ 2 立面

室、银行、邮局和技术设
备间。裙房的水平形状与
圆形会议大厅和顶部带倒
圆锥形旋转餐厅的圆形办
公大楼形成了强烈的对
比。办公大楼的各个办公
室围绕在中央的服务核
心周围，办公室与服务
核心之间是圆形的回廊。
办公室的梯形平面并不
能发挥它们的使用功能。
采用非洲式的圆锥形屋
顶和低层的楼厅，都造
成了这个建筑群可利用
空间不足的问题"。

参考文献

Personal notes by David Mutiso
and David Aradeon.

3 外观
4 大门入口
5 塔楼细部(D. 休斯提供)

除署名者外，其余图和照片由 D. 阿
拉蒂昂（拉各斯）提供

56. 兰德非洲人大学

地点: 约翰内斯堡, 南非
建筑师: W. 迈耶、F. 皮纳尔、J. 凡·维克（迈耶 – 皮纳尔 – 史密斯建筑师事务所）
设计/建造年代: 1968—1975

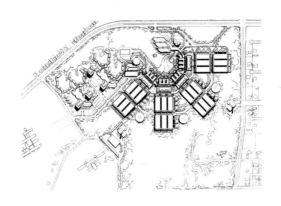

→ 1 总平面

　　W.迈耶（1935年生）在约翰内斯堡设立了自己的建筑师事务所一年以后，于1967年被邀请作为新成立的约翰内斯堡兰德非洲人大学的总建筑师，经过一段漫长持久的工作以后，终于建成了南非这所重要的高等学府。事前他考察了35所外国大学，以寻找适当的设计方案。迈耶得出结论说："我们决定为兰德非洲人大学建造一个完整的学院式的建筑群，就像一只充满各种类型空间的大桶，进入这所校园的每个系都可以找到它的相应位置。"

　　迈耶发现最适合这所拥有15000名学生的大学的建筑形式是一座圆弧形的巨大城堡，城堡内有遍及整个建筑群的人行道，为所有的系和部门提供便利的交通。这个巨大的城堡体系的各个组成部分和交通道路不仅是一个功能单位，而且是校园内相互联系的生活空间，例如各个系可以在这里展示它们的作品，自然科学系与人文科学系以及其他各系之间可以在这里进行交流等。这个城堡体系看起来像停靠12座楼的一个锚泊地，同时它又把建筑群按一定的原则划分开来，这种原则就是迈耶深受其影响的导师路易斯·康在设计费城的一些建筑时所采取的。

　　除了用于教学和居住目的的建筑以外，这个建筑群原来还设计有一部分用于社会交往的建筑，为

↑ 2 外观

教授和学生提供一些进行交谈、阅读和思考的场所，可惜它们都没有实际建造。W.迈耶是如此看待他的信条的："我喜欢按照多种标准去设计建筑：不仅是按照现有的、可以感觉得到的许多物质上的标准，而且还要按照

细微的主观意识上的和思想深处的标准，去运用各种建筑模式、象征主义的手法和想象力，去追求激动人心的新颖，敢于大胆尝试，充满镇定自若、生机勃勃和勇于探索的精神、追忆和怀旧的情愫。所有这些标准的运用必须

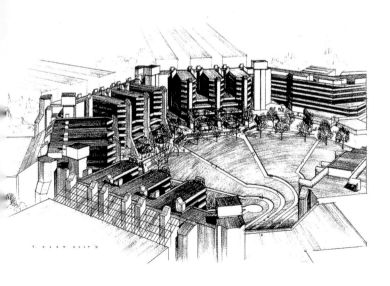

↑ 3 航摄图
↑ 4 设计图

因时间和地点而异——要根据建筑所在地点的环境和景色、文化背景和往昔历史的内涵，以及通过建筑的形式所要说明的未来前景。"

这所大学于1975年5月开始启用，庆祝仪式由该大学的校长N.迪德里奇斯博士主持。"这所大学的校园摆脱了一般大学区平淡无奇的传统，它像一块巨大的、高低起伏的中心绿地，绿地里面分布着轮廓优雅的小径，使人产生一种神奇的感觉：仿佛这个地方没有拥挤的学生。"

这所校园的设计在1977年被南非建筑师学会授予荣誉奖。

参考文献

Meyer, Wilhelm, "University of Cape Town and Port Elizabeth", *Presentation of Major Projects (1987-1991)*, Johannesburg, 1991.
Van der Westhuizen, Ena, "W.O.Meyer-Architect and Philosopher", *Lantern* 42, 1993.

↑ 5 外观

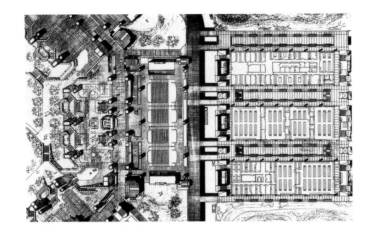

Chipkin, Clive M., *Johannesburg Style*: *Architecture and Society 1880s–1960s*, Cape Town, 1993.
Elleh, Nnamdi, *African Architecture: Evolution and Transformation*, New York, 1997.
Judin, Hilton and Ivan Vladislavic, Editors, *Blanc-Architecture*: *Apartheid and After*, Rotterdam, 1999.

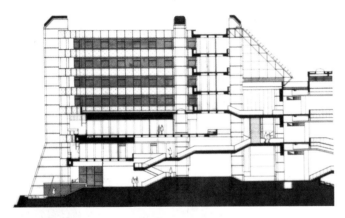

↤ 6 模型平面
↤ 7 剖面
↤ 8 内景

图和照片由 W. 迈耶（派克敦）提供

57. 赞比亚银行职员公寓

地点: 卢萨卡, 赞比亚
建筑师: 蒙哥马利、奥尔德菲尔德和柯尔比建筑师事务所
设计/建造年代: 1971—1972

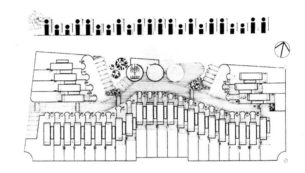

→ 1 平面

赞比亚银行职员公寓是非洲大陆解决人民大众住房建筑的一个典范。这所公寓供银行的赞比亚职员和外籍职员混合居住。根据需要,公寓内设有二居室、三居室和四居室的单元。这些单元将来还可以进一步分隔。工程使用当地的材料,建筑风格追求当地的传统特色,从而使这个公寓成为今后发展的一个样板。

这所公寓坐落在莎士比亚大街与独立林荫大道相交的拐角处,其住宅单元的结构十分紧凑,是按照非洲古老的住宅设计的。建筑师在有关这项工程的说明中特别提到了非洲建筑传统:在传统的赞比亚乡村住宅中,公共的和私人的地盘是界限分明和家喻户晓的。为了在新设计的公寓也做到这一点,以及考虑到该公寓较高的居住密度,我们仔细地划分了两种地盘和各个单元连接处的界线。整个公寓的住宅单元分成三排围在一块露天草坪的三面,这块草坪用作公众服务和运动场。每个住宅单元都有一个小庭院,用曲线形的蜂窝结构隔墙与公共绿地隔开。在隔墙的旁边是住宅单元的入口。住宅的主要材料是砖,并采用了蜂窝结构的隔墙,造成一种雕塑的质感。此外,每个住宅单元的第二层都有一个圆形的大开口,从而提供了一个舒适的内外交流的空间。

↑ 2 外观

参考文献

Unpublished text by the architects, April 1980.
Kultermann, U., *Architecture in the Seventies*, New York, 1980, pp.113-115.

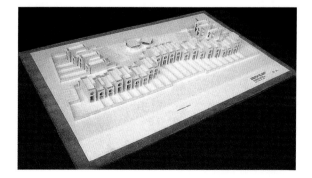

⇢ 3 外观
⇢ 4 外观
⇢ 5 模型

图和照片由 R. 柯尔比（约翰内斯堡）提供

58. 肯尼亚国家银行总行大楼

地点：内罗毕，肯尼亚
建筑师：R. 休斯
设计/建造年代：1973—1976

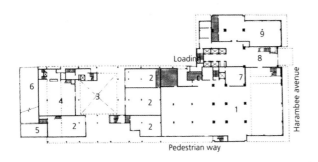

↑ 1 平面
（1.银行大厅；2.商店；3.庭院；4.餐厅；5.植物；6.车库坡道；
7.营业柜台；8.门厅；9.租车处）

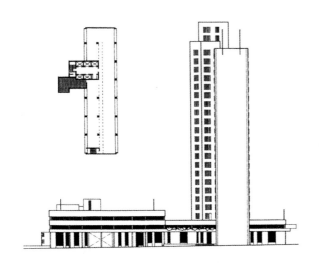

↑ 2 立面

肯尼亚国家银行总行坐落在内罗毕市中心，是一座矗立在两层裙房之上的二十二层高的大厦。在银行的主大厅内，有一幅M.布雷歇创作的大型壁画作为装饰。大厦裙房在哈拉比大街上的部分用于容纳银行的各个部门，裙房的南侧是商店和饭店。大厦设有地下停车场，在大厦的南端有进出的坡道。大厦为钢筋混凝土结构，它上面的百叶窗设计成突出的长短、深浅不同的肋形。大厦上的窗户都是朝北或朝南的，以避免早晨和午后的阳光直射。

↑ 3哈拉比街方向外观

参考文献

4，5 外观

Plan East Africa, February 1975.
Build Kenya, August 1977.

图和照片由 R. 休斯（伦敦）提供

59. 蒙巴萨航空港候机楼

地点: 蒙巴萨, 肯尼亚
建筑师: 戈林斯、梅尔文、沃德建筑师事务所和 R. 休斯
设计 / 建造年代: 1973—1977

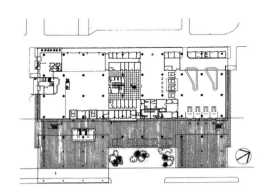

↗ 1 底层平面

蒙巴萨航空港候机楼是在预算资金有限的情况下用当地材料建造的一座简易建筑, 采用水平的结构布局和大型悬挂式的屋顶。候机楼内没有空调设备, 但有贯通整个内部的通风系统, 在挑出的屋面板边缘上挂有遮阳板。离港和进港的旅客分开在候机楼同一层的两侧, 另外还有一条专为过境换机旅客设置的连接通道。

↑ 2 进港区

↑ 3 外观
← 4 夜景

60. 发展中心

地点: 亚的斯亚贝巴, 埃塞俄比亚
建筑师: A. 鲁苏武奥里
设计/建造年代: 1975—1976

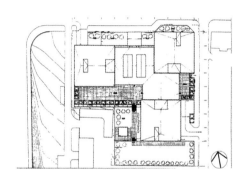

→ 1 总平面

　　芬兰建筑师 A. 鲁苏武奥里 (1925—1992) 曾在埃塞俄比亚工作过几年, 并且在用有限的资金建立当代建筑语言方面颇多建树。他的设计包括商业和教育建筑以及私人住宅 (如他 1972 年设计的阿贝拉住宅)。

　　在 1975 年和 1976 年, 他得以完成规模很大的埃塞俄比亚农业与工业发展中心的设计。这座发展中心位于埃塞俄比亚首都的商业区, 靠近非洲统一组织办公大楼、海尔·塞拉西皇帝在位五十周年纪念宫和希尔顿饭店。

　　鲁苏武奥里是这样解决这项雄心勃勃的设计任务的: 他用一个共同的基础和宽阔的人行通道把三座办公楼组合在一起。三座办公楼中, 有两座是六层的, 一座是九层的。银行的主营业厅被安置在入口层, 停车场和技术部门位于地下室。大楼的主要部分没有空调装置, 仅在银行的计算机间有一台空调机组。建筑材料大部分由当地工业供应, 以降低总造价。

参考文献

Elleh, Nnamdi, *African Architecture: Evolution and Transformation*, New York, 1997, pp.144-145.

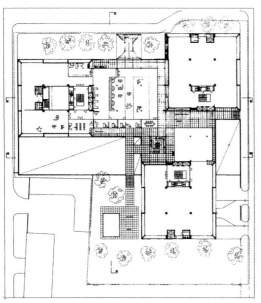

↑ 2 外观
← 3 一层平面

图和照片摘自 N. 埃利赫《非洲建筑：发展与变革》
（麦格劳·希尔出版公司，1997 年）

61. 国际商用机器公司(IBM)约翰内斯堡总部大楼

地点：约翰内斯堡，南非
建筑师：阿鲁普建筑师事务所
设计/建造年代：1975—1976

　　国际商用机器公司
(IBM)约翰内斯堡总部大
楼在当地是一座壮观的新
型建筑，通过这座二十五
层高的大厦，建筑师把当
代的建筑技术引进了南
非。这座大厦内部的特点
是它极富创造性的垂直升
降系统。电梯所包围起来
的圆形或半圆形的空间，
有着天然的采光，饱览着
城市风光。这座大厦外部
的特点是采用了双层表
面，把内部的办公室与外
界隔开。整座大厦包在一
层棕色的玻璃幕墙里。由
于采用了灵活的布局，事
实上这座大厦里没有两层
楼是完全相同的。

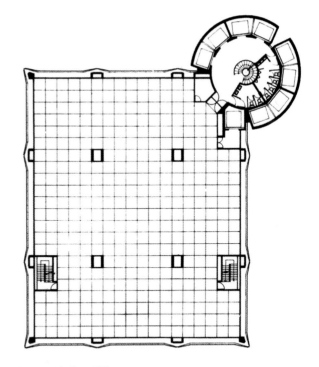

↑ 1 低层标准层平面

参考文献

The Arup Journal, Dec.1977.
Arup Associates, *Architecture and Urbanism* 2, 1977.
Elleh, Nnamdi, *African Architecture: Evolution and Transformation*, New York, 1997.

→ 3 立面细部
→ 4 南北向剖面

图和照片由阿鲁普建筑师事务所（伦敦）提供

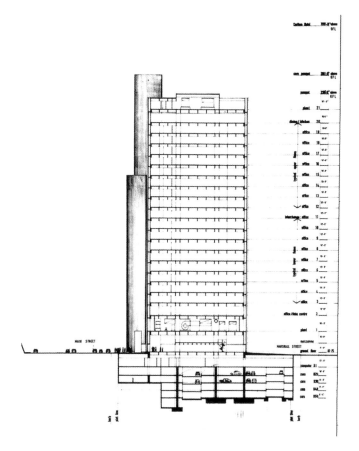

62.联合国人员接待处建筑群

> 地点: 基吉利，肯尼亚
> 建筑师: D. 缪蒂索
> 设计 / 建造年代: 1975—1981

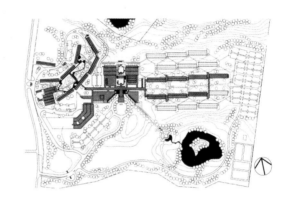

→ 1 总平面

这个建筑群用来向联合国和其他国际组织的人员在内罗毕提供招待和办公地点，它占地40公顷，位于内罗毕的西北郊。建筑群于1975年开始设计，分阶段建造。总体计划建造六座长条形的大楼，围出一块露天的空地。大楼内有会议厅、图书馆、通信处、娱乐和健身设施。每个会议厅有500个座席，每个会议室可以接待200人。这六座办公楼可以在将来进一步扩建。

参考文献

UN Accommodations, Gigiri, Nairobi, *Brochure of the Architect.*

↑ 2 庭院

‹ 3 主入口
（内罗毕的桑普森 –IK– 乌梅
内建筑师事务所提供）
‹ 4 内景

除署名者外，其余图和照片由 D. 缪
蒂索（内罗毕）提供

63. 法国文化中心

地点：内罗毕，肯尼亚
建筑师：戴尔基什·马歇尔建筑师事务所
设计/建造年代：1976

戴尔基什·马歇尔建
筑师事务所（创建于1965
年，如今称为DMJ建筑师
事务所）在东非设计了许
多建筑工程，其中也包括
法国文化中心。

法国文化中心的建筑
设计师R.马歇尔，早先曾
与A.D.康内尔共事，并曾
担任过内罗毕阿卡汗英国
维多利亚女王统治六十周
年纪念医院的建筑师。他
在设计这座建筑时沿用了
他早先的传统方法，注意
把功能因素与非洲的历史
渊源结合起来，不使城市
高楼林立的周围环境削弱
它的影响。

参考文献

Sharp, Dennis, "Out of East Africa", *RIBA*, August 1990.

↑ 1 立面细部

↑ 2 外观

照片由戴尔基什·马歇尔建筑师事务所（伦敦）提供

64. 医疗中心

地点：莫普提，马里
建筑师：A. 里维罗
设计/建造年代：1976

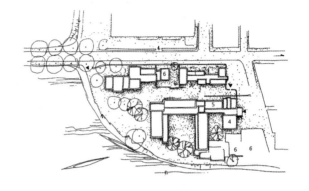

→ 1 平面
（1—2.门诊区；3.产科病房；
4.手术室；5.药房；6.住房）

在西非新建的用于医疗服务的重要建筑当中，莫普提医疗中心是一个突出例子。这座医疗中心包括药房、产科病房、手术室、行政管理部门、宿舍和清真寺。为了与当地的传统建筑和谐一致，建筑师A.里维罗在他的这项新设计里采用了土砖作为材料，并尽力模仿当地传统建筑形式。他还对医疗中心的内部装饰和对流通风系统给予了特别的注意。

像里维罗以前在阿尔及利亚设计的作品与其他建筑师在塞内加尔和毛里塔尼亚的作品一样，莫普提医疗中心工程也大量使用了塑料模板，以适应所采用的材料。建成后的医疗中心和谐地与城市环境融为一体。莫普提医疗中心于1976年获得阿卡汗建筑奖。

参考文献

Roche, Manuelle, " Construire au M'Zab", *Technique et Architecture* 329, 1980.

Ravereau,Andre, "Appendre de la tradition", *Technique et Architecture*, Dec.1982/Jan. 1983.
Curtis, William, *Modern Architecture Since 1900*, New York, 1983, p.362.

↑ 2 沿河景观
↓ 3 剖面

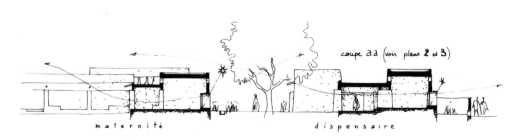

coupe a.a (voir plans 2 et 3)

maternité   dispensaire

→ 4 外观
→ 5 墙的细部
→ 6 入口

图和照片由 A. 里维罗（兰蒂勒斯）
提供

65. 赞比亚大学学生宿舍

地点：卢萨卡，赞比亚
建筑师：蒙哥马利、奥尔德菲尔德和柯尔比建筑师事务所
设计 / 建造年代：1976—1977

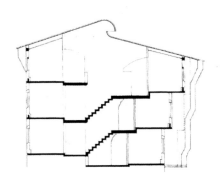

→ 1 剖面

　　蒙哥马利、奥尔德菲尔德和柯尔比建筑师事务所于1976年受世界银行赞比亚教育工程项目第三组的委托，设计一座能容纳250个学生的宿舍大楼，建在卢萨卡的伊费林·亨艺术与商业学院的校园里。设计的原则是：平面为长条形、内部为步行交通的独立三层楼，重点是室内和尽量避免阳光照射。

　　这座学生宿舍在建筑布局上按男生与女生2:1的比例分开。原则上是一个学生住一个单间。这座宿舍楼为三层承重砖结构，采用石棉水泥瓦斜屋顶。大楼的底层比地面高出1米。所用的主要材料，是承重砖和现场预制的钢筋混凝土楼板。

参考文献

Montgomery, Oldfield, and Kirby, "A Pipe Dream", *In Situ*, April 1978.

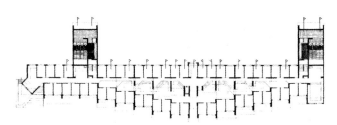

← 2 底层平面

↑ 3 外观

←4 外观
←5 内景

图和照片由R.柯尔比(约翰内斯堡)
提供

66. 联合国教科文组织农业培训中心

地点：尼亚宁，塞内加尔
建筑师：M. 迪埃罗等
设计/建造年代：1977

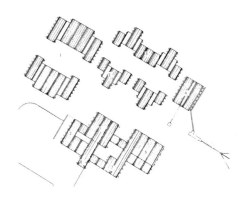

位于尼亚宁的联合国教科文组织农业培训中心是一座典型的按环境保护要求设计的建筑群，里面包括教室、图书馆、会议室、教师住宅和厨房。它的设计充分体现了传统技术在现代条件下的运用。在这个建筑群里，一系列单曲型拱形屋顶被布置在露天庭院的周围。这种劳动密集型的建筑体系已被用来作为塞内加尔大量其他建筑的典范。

这座建筑于1983年被授予阿卡汗建筑奖，并被评价为："由于发展一种劳动密集型建筑体系成为完整的建筑方式，恢复了砌筑结构的活力，为塞内加尔大量的工程项目树立了榜样。"

1 总平面
（1.教师住宅；2.厨房；3.培训人员宿舍；4.卫浴室；5.会议室；6.教室；7.图书馆；8.入口）

参考文献

Aga Khan Award for Architecture, Geneva, 1991.

↑ 2 外观

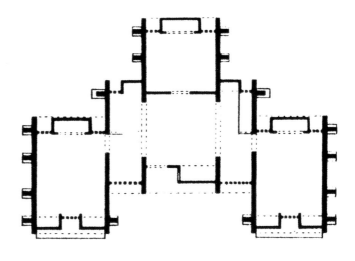

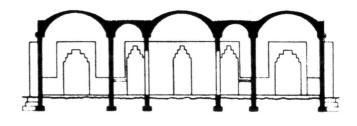

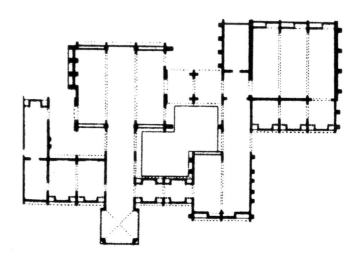

→ 3 培训人员宿舍平面
→ 4 剖面
→ 5 平面

图和照片由日内瓦阿卡汗建筑奖委
员会提供

67. 低造价住宅建筑

地点：罗索－萨塔拉，毛里塔尼亚
建筑师：A. 埃斯蒂夫、J. 埃斯蒂夫和 L. 卡玛拉（非洲传统建筑与城市发展协会）
设计／建造年代：1977

罗索－萨塔拉低造价住宅建筑是非洲传统建筑与城市发展协会（ADAUA）综合计划中的一个项目，它旨在维护非洲人在建筑和居住方式上的个性。该协会已经在塞内加尔、布基纳法索、马里和毛里塔尼亚这些非洲国家中做出了最大的努力，来解决这些国家所面临的最严重的挑战——人民群众的住房问题。

在罗索－萨塔拉，解决人民群众住房问题的办法是用具备生活条件的聚居区来代替原有的贫民窟，把大部分人口按种族在聚居区内重新安置。这项低造价住宅建筑计划的目标是：为重新安置的居民，按照他们的文化背景和生活习惯，建造传统形式的建筑，包括采用古老的建筑方法（如圆顶和拱顶结构）。这项工程中使用的主要材料是土砖，并且利用的自助方式也是用来实际改造居民住所的主要方法之一，包括在最贫困的居民中利用。

罗索－萨塔拉低造价住宅建筑计划从1977年开始实施，其中包括一项综合排水工程，以防止这个地区每年都要发生的水灾。这项计划主要由毛里塔尼亚政府出资，但也获得了国际非政府组织（NGO）的大量资助。在第一个施工阶段，建成了400套住宅。

参考文献

"Building Toward Community", *Mimar* 7, 1983.

1 带庭院的住宅
（芝加哥的 N. 埃利赫提供）

↑ 2 外观
　　（D.德里阿兹摄，非洲传统建筑与城市发展协会提供）
↑ 3 内景
　　（D.德里阿兹摄，非洲传统建筑与城市发展协会提供）

68. 社区中心

地点：斯泰因科普夫，南非
建筑师：乌伊坦伯加德特和罗森达尔
设计/建造年代：1978—1980

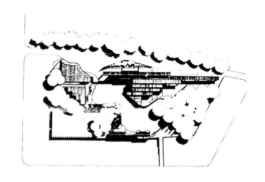

←1 总平面

斯泰因科普夫社区中心是南非20世纪末新建的一座重要的建筑，它的精致而微妙的建筑形式令人深感兴趣。这座建筑所在的地点原来是一片公共的蔬菜园，靠近纳米比亚边境，处在便于建立娱乐设施的海边。"这座建筑的三面是围墙，第四面是穿过城镇的一条大道。"

高大挺拔的外观、砖石结构的围墙和外形优美的门窗，使这个社区中心成为当地一座令人瞩目的建筑。它里面包括一个图书馆、两个市政厅、一个行会中心和一座游泳池。屋顶结构为并列的圆拱屋顶和斜屋顶。西翼的上两层有一个餐厅。

参考文献

Beck, H., "Community Center Steinkopf", *UIA International Architect* 8, 1985.
Uytenbogaardt, R., *South African Cities: A Manifesto for Change*, Cape Town, 1991.

↑ 2 外观

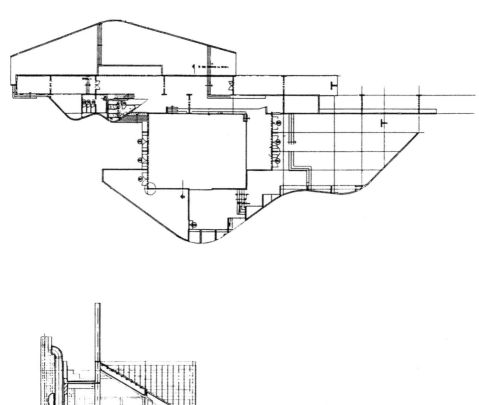

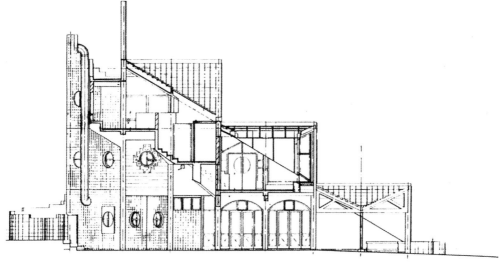

↑ 3 平面
↑ 4 剖面

图和照片由 M. 丹比（纽卡斯尔）提供

69. 政府中心

地点：阿布贾，尼日利亚
建筑师：丹下健三
设计／建造年代：1979—1981

→ 1 总平面
→ 2 朝向阿索山的景观

有关要为尼日利亚建设一个新首都的想法，要追溯到1975年左右。当时的国家首脑M.R.穆罕默德将军指定了一个委员会，去重新审查拉各斯既作为州的首府又作为尼日利亚联邦共和国首都的作用。这个委员会研究的结果是：拉各斯已不能满足日益增加的首都各种功能的需要，迫切需要建设一座新首都，这样还可以达到其他方面的目的，包括医治1967年至1970年内战所带来的创伤。为新首都选择地址的标准是：现有的州和种族部落的首府除外；位置要居中；气候适宜；有现成的土地；给水和排水不存在问题。于是在1976年颁布了一项法令，规定仿照美国的哥伦比亚特区建立一块联邦领地。为此从三个少数民族州（尼日尔州、克瓦拉州和高原州）拿出了8000平方公里的土地，同时开始制定新首都的发展规划。

为了规划新首都，尼日利亚政府邀请了一些国际上的建筑公司，从中选出三家进行竞标，最后来自东京的建筑师丹下健三和乌尔泰克的方案被选中，同时以过去巴西利亚和昌迪加尔的城市设计作为补充和参考。中选的城

市设计方案中，有丹下健三1960年设计东京城市模式的影响："总之，阿布贾城市设计的形状就像一张拉开的弓，外环压弓背，内环拉弓弦，而整个城市的中心就是一支瞄准阿索山的箭。"

阿布贾城市的中心是位于山脚下的三个权力机构——国民大会、总统宫和最高法院所在的区域。这三座建筑是按照较早时候建成的昌迪加尔和巴西利亚的模式布局的，作为民主的象征。"这三个权力机构所在的地区是一个基于监督和平衡机制的、符合宪法的政府的象征。"与华盛顿的哥伦比亚特区相仿，阿布贾也有一个作为城市焦点的国家广场，所不同的是阿布贾的广场两边高楼大厦林立。

丹下健三的阿布贾规划是非洲大陆上最重要的城市设计方案之一，并将具有巨大的影响，尽管它几乎没有非洲的传统。阿布贾市重要的建筑有：O.欧卢姆伊瓦设计的最高法院大楼，AIM建筑师事务所设计的国家大清

真寺，由 Z.阿赫迈德设计
的财政部大楼，由 A.斯
皮尔设计的非洲统一组
织（OAU）会议大厅，由
Z.阿赫迈德设计的托塔尔
石油公司大楼等。

自 1991 年正式建成，
到 1996 年各大部门自拉各
斯搬迁收尾，阿布贾已成
为 20 世纪建立的一座最重
要的新城市。

参考文献

"Kenzo Tange, Architectures
Contribution to Social Cul-
ture", *The Japan Architect* 7/8,
1979.
"After Modernism, A Dialogue
between Kenzo Tange and Ka-
zuo Shinohara", *The Japan Ar-
chitect*, Nov. /Dec. 1983, *Kenzo
Tange, 1946-1996*, Milan, 1996.
Elleh, N., *African Architecture:
Evolution and Transformation*,
New York, 1997, pp.318-328.

↑ 3 中心广场
（拉各斯的 D.阿拉蒂昂提供）
← 4 显示三个权力机构所在地的总
平面

除署名者外，其余照片由 N.埃利赫
（芝加哥）提供

70. 蒙戈苏图理工学院

地点：乌姆拉济，纳塔尔，南非
建筑师：海伦·塞顿建筑师事务所（H. H. 海伦）
设计/建造年代：1979—1982

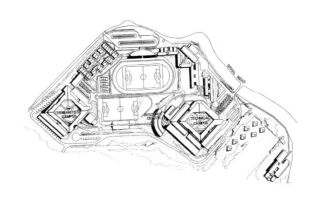

→ 1 总平面

蒙戈苏图理工学院是南非一所新建的重要高等学院，它的校园形状和建筑形式都独具特色。这所理工学院是南非英裔美国人的首领蒙戈苏图·布塞赖兹提议建立的，并获得了南非英裔美国人主席基金会和德皮尔斯公司的资助。

学院坐落在德班市郊一个大型城镇内的丘陵地区，周围是当地贫穷落后的社区。学院里面包括实验室、图书馆、学生集体宿舍和行政管理部门。第一期工程完工后，可以为600名学生提供住宿，同时建设完成教学设施、实验室和教职员宿舍。

学院建筑群的外观像一座斜的城堡，露天的和封闭的空间按顺序相互连接。所用的建筑材料取自周围，以与周围严酷的环境相协调。

参考文献

Peters, W.H., "Hans Hallen", *The Dictionary of Art*, Vol.14, New York, 1996.

↑ 2 建筑群外观

→ 3 入口
→ 4 庭院景观
→ 5 工程第一阶段设计图

图和照片由 H.H. 海伦（澳大利亚格林威治）提供

71. 布朗瑟斯特图书馆

地点：约翰内斯堡，南非
建筑师：海伦·塞顿建筑师事务所（H. H. 海伦）
设计／建造年代：1979/1980—1981/1982

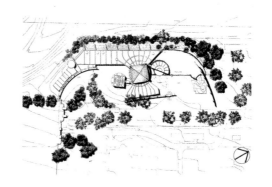

→ 1 总平面

布朗瑟斯特图书馆是设计来收藏H.奥本海默大量有关非洲文化作品的。这座研究性质的图书馆的建筑群由一系列相互连接的堂馆组成，每座堂馆都呈圆弧形，并带有圆形的屋顶。主要的建筑材料是砖和凝灰石。铸造的铝门是由A.弗斯特设计的。大厅中间的大型壁画是澳大利亚人L.弗兰克的创作。

参考文献

Peters, W.H., "Hans Hallen", *The Dictionary of Art*, Vol.14, New York, 1996.

↓ 2 底层平面

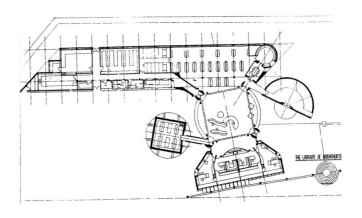

↑ 3 入口
→ 4 内景

图和照片由 H.H. 海伦（澳大利亚格
林威治）提供

第 ⑥ 卷

中、南非洲

1980—1999

72. 住宅

地点: 约翰内斯堡，南非
建筑师: S. 萨伊托维茨
设计/建造年代: 1982

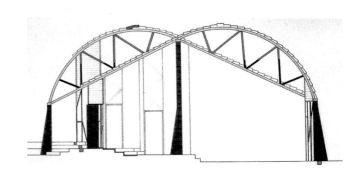

→ 1 剖面

按照建筑师S.萨伊托维茨的设计思想，这座位于德兰士瓦草原上的"住宅群中的住宅"，应当力求与当地的景色和建筑协调。除此之外，住宅的建筑还必须适合当地的气候条件。这项住宅设计的特点是利用了当地开采的岩石、宽大的露台和起伏不平的屋顶，使建筑技术与当地的自然条件有机结合。这座住宅造型优美在于它的立面和平面设计中采用了许多曲线形式，从而创作出一幅光线、色彩和图案都赏心悦目的建筑图画。住宅内主要的生活区域由一系列斜度变化的拱形屋顶所覆盖。

参考文献

Ssitowitz, Stanley, "Geological Architecture: Habitable Landscape", *The Architectural Review*, Feb. 1988.
UIA Issue 8, pp. 24–25.
Bell, Michael, Ed., *Exhibition Catalogue Stanley Saitowitz*, Rice University, School of Architecture, Houston, 1996.

↑ 2 外观

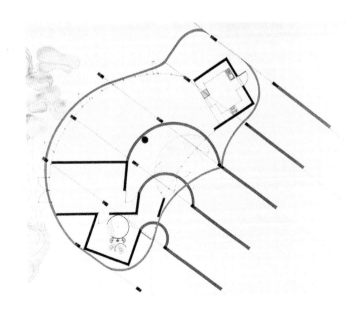

↑ 3 外观
↙ 4 平面

图和照片由S.萨伊托维茨（旧金山）
提供

73. 法院

地点：阿加德兹，尼日尔
建筑师：L. M. 德帕拉伊德
设计/建造年代：1982

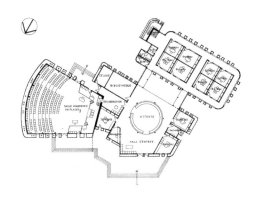

→ 1 平面

阿加德兹法院是由在尼日尔公共工程局工作的匈牙利裔法国建筑师L.M.德帕拉伊德（1949年生）设计的，他使当地传统的建筑形式得以继续发挥现代的功能作用。在布局安排上，这座建筑群要比欧纳索尔太阳能研究中心建筑群简单得多，只不过在建筑上多了一些纪念性质的表达形式。建筑群的中心部分是法庭，它的内部装饰依靠强烈内倾的墙壁，墙基处有明显的斜角。与法庭相邻的是档案馆，它也有一个斜角，从而使整个建筑群的空间组合更饶有意味。建筑群的两侧靠露天庭院联系。

建筑师在这座法院的设计中，基本上采用了当地多贡人传统的建筑形式，以土砖作为主要建筑材料，并且把过去和现在和谐地结合在一起。L.M.德帕拉伊德于1984年在尼日尔设计了塔尔绍市政厅和蒂拉贝里市政厅，1985年还在尼日尔的尼亚美设计了类似的法院，从这些建筑里都可以看出他同样的设计原则。

参考文献

Mester de Parajd,Laszlo, "L'ar-chitecture en Afrique", *Le Mur vivant*, 92, 1989.
Mimar, September 1987, pp.71-75.

↑ 2 外观

→ 3 入口

→ 4 剖面

图和照片由 L.M. 德帕拉伊德（圣克卢）提供

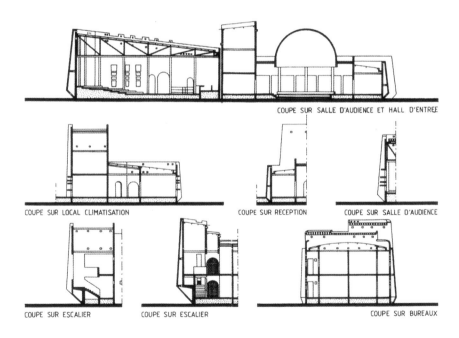

COUPE SUR SALLE D'AUDIENCE ET HALL D'ENTREE

COUPE SUR LOCAL CLIMATISATION

COUPE SUR RECEPTION

COUPE SUR SALLE D'AUDIENCE

COUPE SUR ESCALIER

COUPE SUR ESCALIER

COUPE SUR BUREAUX

74. 高尔夫球场

地点：亚穆苏克罗，科特迪瓦（原象牙海岸）
建筑师：R. 泰里伯特
设计/建造年代：1982

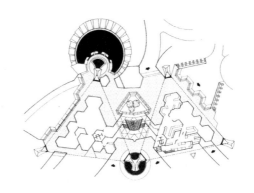

→ 1 平面

R.泰里伯特（1926年生）是一位具有国际性建筑设计经验的建筑师。他为加拿大和法国设计过体育运动建筑，为突尼斯、约旦和卢森堡设计过其他类型的建筑。

由泰里伯特设计的这个高尔夫球场占地超过50公顷，里面还包括游泳池、健身房、饭店和台球房，所有这些娱乐设施都包含在两座跨度60米的壳形结构建筑里。在壳形结构覆盖下的面积内，没有任何支撑结构元件，而且在四周的沙漠地形下形成一块平坦的场地。两座建筑对称的布局使一股水流得以穿过其中进入开阔的场地，并在一边形成一个圆形的游泳池。球场内还有一座广阔的花园，给人以沙漠绿洲的感觉。

2 俯视

（芝加哥的 N. 埃利赫提供）

↑ 3 细部
↑ 4 细部

除署名者外，其余图和照片由 R. 泰里伯特（巴黎）提供

75. 宝马汽车公司（BMW）总办事处

地点: 米得兰德，高庭，南非
建筑师: 海伦·塞顿建筑师事务所（H. H. 海伦）
设计/建造年代: 1982—1984

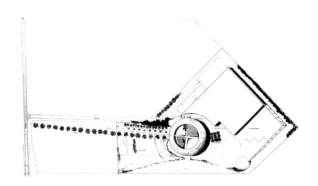

↳ 1 总平面

宝马汽车公司（BMW）总办事处坐落在约翰内斯堡至比勒陀利亚的高速公路干道上，从远处就可以望见它那壮观的形象。这个建筑群设计成圆形，它的主要出入口通向高速公路。巨大的入口是进入这个建筑群的标志，它通向分布在圆形场地上的各种功能建筑，这些建筑都被设计成具有南非的特色。建筑所用的材料是当地的暗色砖和当地开采的石片瓦。

参考文献

Peters, W.H., "Hans Hallen", *The Dictionary of Art*, Vol.14, New York, 1996.

↑ 2 庭院景观

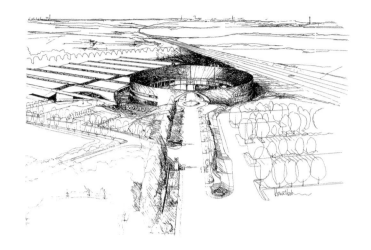

→ 3 俯视
→ 4 入口
→ 5 剖面

图和照片由 H.H. 海伦（澳大利亚格
林威治）提供

76. 斜街 11 号大厦

地点：约翰内斯堡，南非
建筑师：墨菲/扬建筑师事务所与 L. 卡罗尔建筑师事务所
设计/建造年代：1982—1985

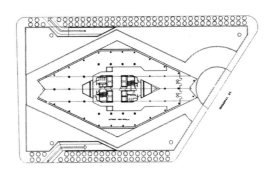

← 1 平面

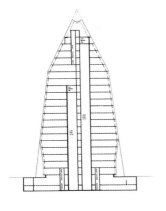

↑ 2 剖面

这座高大的建筑邻近约翰内斯堡的新市区，紧靠中心商业区。它的形象在生动有力地显示它的主要业主——南非钻石工业协会。这座大厦的形状与约翰内斯堡其他的高大建筑不同，它会被人们想象成一颗钻石。

在这座大厦内计划安排大量的办公室，它的地下停车场有175个车位。大厦的外部用连续的双层条形玻璃装饰，内部空间可以灵活地进行局部分隔。内、外墙之间提供自然通风。

这座建筑总的外形特点是它的玻璃幕墙和以第二十四层楼上一根"脊柱"为顶点的钻石形状，其中装有冷却塔。这座钻石形状的大厦唤起了人们对20世纪初表现主义时期的摩天楼的回忆。

参考文献

Jahn, Helmut, "Self Analysis", *New Art Examiner*, June 1983.

↑ 3 外观

↑ 4 外观细部

图和照片由赫尔穆特·扬（芝加哥）提供

77.欧纳索尔太阳能研究中心

地点: 尼亚美，尼日尔
建筑师: L. M. 德帕拉伊德
设计/建造年代: 1982—1985

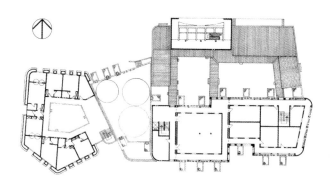

→ 1 平面

在这个研究中心里，当代的建筑问题是用非洲传统的建筑形式解决的，这种传统的建筑形式来源于对非洲豪萨人住宅的研究。这个精心设计的建筑群包含许多研究设施，它们分布在一片露天场地的四周，建筑群的南、北两翼有通道连接。建筑群中所采用的传统建筑形式包括：在入口处用作重点装饰的穹顶，组合在一起能创造出一种综合环境的圆墙角和承重墙。"它的圆墙角和土地颜色的整齐划一的立方体形象，强调了第三世界国家发展中的一些关键问题：能源、开发和自然保护。"

在设计这个建筑群时，特别注意了采用自然空气调节，这种方法在当地的建筑中已经成功地使用了几个世纪。"整座建筑的通风是利用以下的原理：当建筑内部一部分空间较冷而另一部分空间较热时，就会自然地产生空气流动。由于采用了这种传统的通风技术，能源不足的问题得到了解决。这种方法看似矛盾，但从欧纳索尔太阳能研究中心体会到：非洲未来节约能源的要求，用回归到传统的技术才能最好地解决。"

（摘自《非洲建设》）

参考文献

Construction Afrique, Juillet/ août 1981.
Taylor, B. B., "ONERSOL, Nia-mey, Niger"，*Mimar*, July-September 1984, pp.66-70.
Mester de Parajd, Laszlo, "Pour

une architecture climatique en
Afrique", *Systemes Solaires*,
No.73/74, 1991.
Aradeon, D., Notes.

↑ 2 外观

↑ 3 外墙
↑ 4 内景

图和照片由 L.M. 德帕拉伊德（圣克卢）提供

78. 米蒂亚纳朝圣中心圣祠

地点: 米蒂亚纳，乌干达
建筑师: J. 达欣登
设计 / 建造年代: 1983

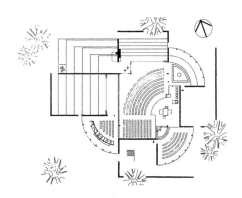

→ 1 底层平面
↓ 2 模型

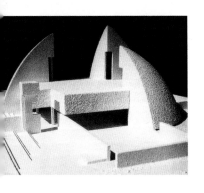

为了纪念1968年宣告第一个非洲殉教者为圣徒，米蒂亚纳开始建设一个以教堂和朝圣中心为重点的大建筑群。这个建筑群还包括其他的社会和宗教建筑，如学校、医院、社会中心、加尔默罗会白衣修士女修道院、教区牧师住宅、教区礼堂和托儿所。建筑师的目标是使他所设计的这个建筑群中的建筑不仅要适应当地的气候条件，还要反映该地区的文化。作为非洲文化象

征的工艺品——如班图族人的舞蹈面具——在设计过程中起了十分重要的作用。建筑师特别用了三个"圆球"来表示教堂内不同的空间性质：洗礼所、修女小教堂和忏悔室。他还把非洲面具的曲线形式转化为建筑物平面和立面的布局。"这三个球形象征着三位光荣的殉教圣徒，它们围绕在教堂中心的周围。教堂的中心部分盖有平屋顶，圣坛上方的平屋顶上开有天窗。这些

球形部分代表着特定的空
间性质：有唱诗班的洗礼
所、带圣龛的修女小教堂
和忏悔室。这项载入现代
建筑史料的设计，不仅说
明了传统的非洲建筑有其
独特的价值，还清楚地证
明了问题不在于建筑本
身，而在于训练有素的建
筑师能否毫不犹豫地去革

新这种自从中世纪以来就存在的建筑形式。"另外，非洲的住宅建筑形式对这个建筑群的设计也有较大的影响。出于对气候条件的考虑，所有的建筑都建成面朝东西的方向，并广泛使用了砖和木材等当地的建筑材料。教堂内部与部分有顶盖的室外场地相连接，这样教堂就可以进行户外的宗教仪式和会议。这个建筑群里没有采用塔楼或凯旋门之类的纪念性建筑形式。

参考文献

Dahinden, Justus, "Wallfahrt-skirchen und Pfarreizentren in Uganda (Ostafrika)", *Bauen und Wohnen* 6, 1969.
Dahinden, Justus, *Architecture*, Vienna, 1981.
Elleh, N., *African Architecture: Evolution and Transformation*, New York, 1997, pp.168–169.

↑ 4 外观
↑ 5 立面细部

↑ 6 内景

↑ 7 细部
↑ 8 模型

图和照片由 J. 达欣登（维也纳）提供

79. 盖尼斯酿酒厂

地点: 拉各斯，尼日利亚
建筑师: 戈德温和霍普伍德建筑师事务所
设计/建造年代: 1983

这座位于西非的工厂建筑，对于非洲大陆的工业化进程是一个重要的贡献，同时也是解决气候条件对工厂建筑所造成的问题的一次尝试。建筑师的中心目的是：合理地把各种必需的建筑物布置在一块开阔地上，以对付当地湿热的气候，并保证将来工厂有可能扩建。措施的重点放在充分利用建筑现场的地形和不建造封闭的围墙，以保证工厂内外物质上的和视觉上的联系。由于采用了创新的建筑设计方法，盖尼斯酿酒厂还解决了传统设计经常存在的湿度过高所导致的霉变和地面过滑等问题。这种类型的酿酒厂建筑中早先都设有酒窖，这座工厂则有意地没有采用。

参考文献

Hopwood, Gillian, *A Personal Account*, Aubimart, 1998.

↑ 1 细部

↑ 2 外观

照片由戈德温和霍普伍德建筑师
事务所（伦敦）提供

80. 会计学习中心

地点：马塞卢，莱索托
建筑师：豪斯汉、麦克菲尔森、汉德森
设计/建造年代：1983

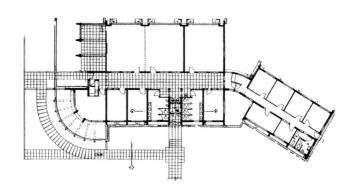

→ 1 平面

马塞卢会计学习中心奠基于1978年，并得到爱尔兰外援机构的财政支持，这是解决莱索托长期被忽视的行政管理问题的一个重要步骤。建筑师建议为这个会计学习中心建造一座当地形式的公共建筑，其规模像一家乡村的商店。"……这座建筑采取当地的典型形式：单坡的金属板屋顶支撑在女儿墙后面的木桁架上；阶梯状的山墙；抹水泥的混凝土砌块墙；颜色鲜明的油漆表面在万里无云的晴空之下被强烈的阳光照射得闪闪发光。"（摘自《建筑师》1984年的一篇文章）主建筑侧面的办公室和讲堂被安排在一排较低的建筑里，有内部走廊与其相通。建筑的设计手法主要是立方体块状的单元组合成了一个令人信服的整体。

参考文献

International Architect, 1985.

↑ 2 外观

图和照片摘自《国际建筑师》，1985 年

81. 加纳国家剧院

> 地点: 阿克拉，加纳
> 建筑师: 程泰宁
> 设计／建造年代: 1985—1992

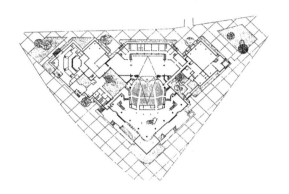

→ 1 平面

建于阿克拉的国家剧院是加纳一座重要的现代建筑，它引入的来自中国的建筑手法丰富了非洲现代建筑的内涵。这座富于想象力的建筑包括一个有1500个座席的剧院观众厅、一个展览中心、一个排练大厅和一个露天剧场。建筑师在设计这个剧院时着力表现加纳的艺术传统，特别是舞蹈、绘画和雕塑。

这座建筑的设计思想是：建筑的主体用三个原始的立方体组成一种刚劲庄严的几何形状；在建筑的曲线部分用一些雕塑重点装饰；这些雕塑对称地安排在观众厅上方的中间塔楼的两边和塔楼的顶点上。剧院的三座主要大楼矗立在周围的环境之中。这座建筑中采用了大量的笔画和雕塑作为装饰，它们与建筑本身紧密结合，形成一个不可分割的整体。

↑ 2 细部

参考文献

Chen Taining, *Contemporary Chinese Architecture*, Beijing, 1997.

↑ 3 俯视

↳ 4 外观
↳ 5 夜景
↳ 6 内景

图和照片由程泰宁（杭州）提供

82. 西大街 362 号大厦

地点: 德班，南非
建筑师: 墨菲/扬建筑师事务所与施特劳赫·沃斯特建筑师事务所
设计/建造年代: 1986

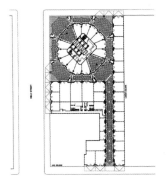

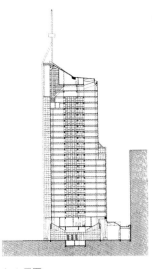

↑ 1 平面
↑ 2 剖面

由墨菲/扬建筑师事务所设计的这座具有二十四层21500平方米办公面积的大厦，如今已变成了德班市商业区的一个醒目标志。它包括一座长方形的大楼和一座占地一半的办公大厦。大厦的外形由两个同心的八面体组成，顶部是一个陡峭的锥形塔尖，用以设置微波通信设备。这种建筑形式的基调让人回忆起早期现代建筑的未来主义和构成主义的作品。大厦的外八面体围绕着内八面体，从屋顶的露台上可以望见海湾和印度洋水天一色。内、外结构间的各种相互不同关系，为建筑物和城市创造出一种生动的空间交流。

参考文献

Jahn,Helmut in *Current Biography*, Feb. 1989.
Miller,Russ, "Architecture in Search of a New Urban Type", *Architecture and Urbanism* (Tokyo), Sept. 1992.

↑ 3 外观

中 ← 4 外观

← 4 外观
← 5 内景
　　（沙克高地 D. 休斯提供）

除署名者外，其余图和照片由赫尔穆特·扬
（芝加哥）提供

83. 和平圣母大教堂

地点: 亚穆苏克罗, 科特迪瓦 (原象牙海岸)
建筑师: P. 法柯里
设计 / 建造年代: 1986—1989

和平圣母大教堂是科特迪瓦 (原象牙海岸) 已故总统费利克斯·乌弗埃-博瓦尼庞大建筑计划的中心, 其目的在于显示统治者的绝对权威和他对天主教的无比虔诚, 尽管天主教徒在这个以穆斯林为主的国家的人口中仅占很小一部分。这座大教堂由建筑师 P. 法柯里设计, 在 1986 年至 1989 年间施工建造, 仅花费了短短的三年时间就建成了。这项工程占地 130 公顷, 位于科特迪瓦新建首都亚穆苏克罗的东南部。这座大教堂的宏伟辉煌使它成为非洲建筑最值得炫耀的一项成就, 同时也证明了当时科特迪瓦政府政策的荒谬, 因为这座大教堂的建设完全背离了科特迪瓦人民的物质与精神利益。

这座大教堂足以容纳 7000 人的座位和 14000 人的站位。教堂的穹顶高 489 英尺 (约 149 米), 意在超过罗马的圣彼得大教堂和伦敦的圣保罗大教堂。它的列柱广场可以容纳 40 万名朝圣者, 是依照罗马贝尔尼尼设计的大教堂广场建造的。和教堂的建筑类似, 它周围的景色也是模仿法国凡尔赛的古典式花园, 从而使这座非洲建筑完全打上了欧洲文

↑ 1 平面

↑ 2 俯视

↑ 3 外观

图和照片由 N. 埃利赫（芝加哥）提供

化的标记。

　　这种想要超过它所模仿的罗马圣彼得大教堂和建造世界上最高与最大的教堂的狂妄意图，使这个国家当时花费了 1.5 亿至 2 亿美元，完全破坏了它的经济。这座大教堂是建立在牺牲该国必需的保健和教育设施费用的基础之上的，理所当然地被看作由一个独裁统治者的权力所造成的一种对国家建设优先次序的严重扭曲。这座建筑的奢侈浪费还表现在它的全部空调系统每年要花费 1000 万美元（这项费用由梵蒂冈罗马教廷支付，因为这座大教堂是捐献给梵蒂冈的），从而使它成为当代非洲现实生活的一出悲剧。更可悲的是，当博瓦尼在 1993 年死后，他的继任者 H.K.贝迪埃竟放弃了这座位于科特迪瓦北部的首都。

参考文献

Yamoussoukro: Guide Pratique, Yamoussoukro, 1989.
Fakoury, Pierre, *La Basilica Notre-Dame de la Paix*, Yamoussoukro, Liege, 1990.
National Geography, May 1990.
Ayorinde, F., *Why the World Treats Africans with Contempt*, New African, June 1998.
Elleh, Nnamdi, *Architecture and Power in Africa: King Hassan II Mosque and President Felix Houphouet-Boigny's Basilica of Our Lady of Peace* (unpublished manuscript).

84. 佩宁苏拉理工学院

地点: 开普敦, 南非
建筑师: R. 福克斯建筑师事务所
设计 / 建造年代: 1986—1989

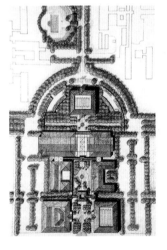

佩宁苏拉理工学院的第一期工程早在1984年就已委托设计。在1984年以前, 虽然经过了几年的研究, 但始终没有设计出这个校园建筑群的任何形式或结构。作为总体计划中的第一部分, 商业科学大楼终于在1986年被设计出来。后来续建的其他建筑, 绝大部分在建筑特点和规模上也都追随这座大楼的模式。校园的总体布局是对称的, 后续建造的建筑包括学生中心、体育馆和礼堂。校园里的公共活动场所是一座露天广场, 并以带顶的人行道和

↑ 1 平面
← 2 细部

一座圆形的神庙进一步加以强调。校园的进一步发展已经根据类似的规划设计确定，使新建部分与整个校园保持和谐一致。这座校园整体上的对称性与J.所罗门设计的开普敦大学是相同的。

参考文献

Fox, Revel, *Reflections on the Medium of Space*, Cape Town, 1998.

↑ 3 俯视

图和照片由 R. 福克斯建筑师事务所（开普敦）提供

85. 通信中心

> 地点：内罗毕，肯尼亚
> 建筑师：H. 拉尔森
> 设计 / 建造年代：1987/1988—1992

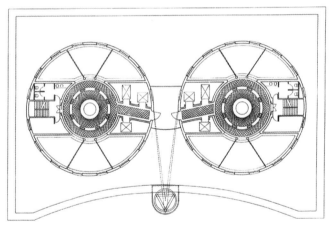

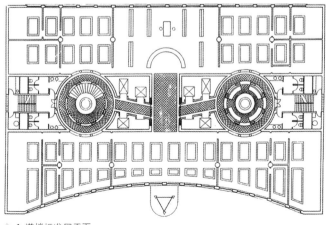

↑ 1 塔楼标准层平面
↑ 2 裙房标准层平面

建于内罗毕的通信中心是设计用作《民族日报》总部的，同时也意在创造一座该城市里程碑式的建筑。这座十五层的大楼包含电视演播室、无线电播音室、计算机处、编辑室、报纸的印刷设备以及钻石信托银行的办公室。大楼的底层主要供商业部门使用，如商店、饭店、咖啡馆，另外还有一座礼堂和多间会议室。

这座大楼上有两个高73.5米的圆形铁塔，成为这座城市令人印象深刻的景观。这座建筑更引人注目的特色是它的立面上黑白相间的水磨石条带和漆

成红色的钢结构，后者还
用于安装天线和霓虹灯广
告栏。

参考文献

Arkitektur 2, 1989.
Faber, Tobias, "Henning Larsen", *Contemporary Architects*, edited by Muriel Emanuel, New York, 1994.
Lund, Nils-Ole, *Henning Larsen Architect*, Copenhagen, 1996.
World Architecture, April 1997.

↑ 4 仰视立面外观
↑ 5 墙的细部

图和照片由 H. 拉尔森（哥本哈根）提供

86. 西非国家经济共同体银行总部

> 地点：洛美，多哥
> 建筑师：P.G. 阿特帕
> 设计／建造年代：1987—1992

这个有纪念意义的建筑群的设计非常具有想象力：在两座大楼之间用一个巨大的圆拱连接起来。这在西非近代建筑中形成了一个特殊的景观，类似的结构形式只有在达喀尔由同一建筑师设计的建筑中才能看到。高耸的办公翼楼布置成半圆形附有穹顶式大礼堂。大楼不同的侧面都由贯穿各层的窗户形成主导的垂直感。在建筑群的每个部分，富有特色的装饰和色调则给人以整体感。

参考文献

Mende, Justin, "The High Rise of an African Architect", *African Business*, January 1988.
Elleh, Nnamdi, *African Architecture: Evolution and Transformation*, New York, 1996.
Hecht, David, "Making Dreams Real", *BBC Focus on Africa,* Oct.-Dec. 1997.

↑ 1 墙的细部

87. 欣巴山小旅馆

地点：欣巴，肯尼亚
建筑师：辛比昂国际建筑师事务所
设计/建造年代：1988

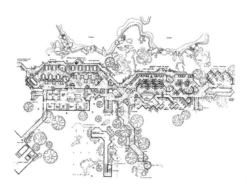

← 1 平面

欣巴邻近蒙巴萨市的克瓦尔镇，是欣巴山国家公园的一部分，它以长满硬木树、蕨类和兰科植物的热带雨林以及大羚羊而闻名。为了适应这种自然环境，欣巴山小旅馆完全用木材建造，而且从所有的公共房间都可以看到热带雨林的景色。这座小旅馆的另一个特色是有一条100米长、用槭木铺成的小径，在它的尽头有一片较广阔的风景区，可以在那里举行婚礼。为了与建筑设计和自然环境协调一致，这座小旅馆所有的家具也是木制的。小旅馆设有双人间、三人间和套间，所有的房间都可以俯瞰到湖光山色。所有房间都配有一个小阳台，从那里可以眺望邻近的湖泊和热带雨林。欣巴山小旅馆于1989年获得肯尼亚第一届国家建筑奖。

参考文献
:
Unpublished Statements by Symbion International.

↑ 2 外观

↑ 3 内景

↑ 4 剖面

图和照片由辛比昂国际建筑师事务所（内罗毕）提供

88. 会议大厦

地点: 巴马科，马里
建筑师: 程泰宁
设计/建造年代: 1989—1994

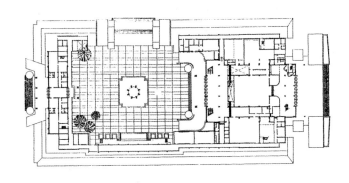

→ 1 底层平面

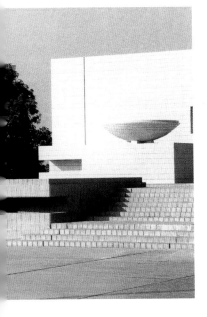

↑ 2 细部

马里会议大厦建筑群坐落在尼日尔河北岸，由会议厅、宴会厅和总统接待厅组成。整个建筑群和它的每一座建筑都是按照伊斯兰建筑的古老传统设计的。中心广场连接着建筑群中的每一座建筑，并有道路与它们相通，所有的建筑上都有马里传统建筑特有的弯曲表面。广场上的灯塔是仿照伊斯兰教寺院的尖塔设计的，它成为这个建筑群的象征性标志。马里会议大厦在1996年被授予中国建筑学会的年度奖。

参考文献

Chen, Taining, *Contemporary Chinese Architects*, Beijing, 1997, pp.78-79.

↑ 3 外观

↑ 4 外观
↑ 5 灯塔

图和照片由程泰宁（杭州）提供

89. 最高法院建筑群

地点: 阿布贾, 尼日利亚
建筑师: O. 欧卢姆伊瓦
设计/建造年代: 1989—1998

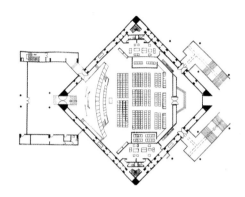

← 1 平面

最高法院建筑群是尼日利亚新首都阿布贾中心区城市规划设计中的一个组成部分（其他两部分是国民大会建筑群和总统宫建筑群）。整个城市建设的第一期工程是由日本建筑师丹下健三和东京乌尔泰克公司在1978年到1979年间规划设计的。自从丹下健三在1989年退出最高法院建筑群这个工程项目以后，整个设计工作就由O.欧卢姆伊瓦掌管，他对主法庭的建筑设计进行了

必要的修改，还对原来的总体规划做了重新设计。重新设计的这个建筑群由一座主法庭和两座辅助法庭组成，三座法庭由一座法院大厅连接在一起，而且它们之间都设有直接的公共通道。除此之外，三座法庭还分别设有供法官使用的隔开的私人通道。这个建筑群有一个宽大的风景优美的庭院，设计时还为它将来扩建留有余地。建筑群中高耸的水塔具有双重作用，它既为整

个建筑群供水，又是正义的象征。建筑群各个部分的形象与包括阿索山在内的当地地形和谐地融合在一起。

参考文献

Unpublished notes by Nnamdi Elleh.

↑ 2 外观

图和照片由O.欧卢姆伊瓦(拉各斯)
提供

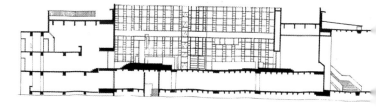

90. 西非国家经济共同体银行总部大楼

地点: 达喀尔, 塞内加尔
建筑师: P. G. 阿特帕
设计 / 建造年代: 1990

达喀尔的西非国家经济共同体银行总部大楼, 与更早时候在洛美建造的同样性质的建筑, 都是由同一位建筑师设计的。这两座银行大楼证明非洲建筑已经发展到了一个新的阶段, 它们反映了西非国家政治上独立、经济上不断增长的大好形势。这座银行大楼金字塔形的结构已经成为达喀尔这座城市的特殊标志, 并且通过教堂式垂直窗创造出一种室内的空间采光。

← 1 细部

参考文献

Batir l'Afrique, *Manager*, Oct.-
Nov. 1992.

Elleh, Nnamdi, *African Archi-
tecture: Evolution and Transfor-
mation*, New York, 1996.

Atepa, Goudiaby, *Jeune Af-
rique*, Avril 1987.

Merdy, Justin, "The High Rise
of an African Architect", *Afri-
can Business*, January 1988.

Hecht, David, "Making
Dreams Real", *BBC Focus on
Africa*, Oct.-Dec. 1997.

↑ 2 外观

照片由 D. 休斯（俄亥俄州沙克高地）提供

91. 西非国家银行总部大楼

> 地点：瓦加杜古，布基纳法索
> 建筑师：W. P. 索瓦多哥
> 设计/建造年代：1990

↑ 1 内景

与较早在洛美和达喀尔建造的西非国家经济共同体银行总部大楼相似，瓦加杜古的西非国家银行总部大楼也像一篇西非国家在建筑方面的独立宣言。这座大楼受人尊敬的设计任务当时委托给了非洲建筑师W.P.索瓦多哥。如今，这座高大的立方体形建筑物已成为瓦加杜古城市的标志。这座宏伟大楼的设计构思"来源于非洲祖先的柱子，它就像一根断成几截的柱身。基础也是按照非洲的传统设计的，模仿高朗西金字塔形房屋的形式，带有女儿墙、楔形墙和较高处的小窗口"（N.埃利赫）。

参考文献

Bourdier, Jean-Paul and Trinto Minh-ha, *African Spaces: Designs for Living in Upper Volta*, New York, 1985.
Elleh, Nnamdi, *African Architecture: Evolution and Transformation*, New York, 1996.

↗ 2 外观

图和照片由 D. 休斯（俄亥俄州沙克高地）提供

92. 非洲统一组织 (OAU) 会议大厅

地点: 阿布贾, 尼日利亚
建筑师: A. 斯皮尔和 J. 伯杰
设计 / 建造年代: 1991

↑ 1 夜景
↑ 2 内景

非洲统一组织（OAU）会议大厅是由日本建筑师丹下健三所作的尼日利亚新首都阿布贾总体规划设计框架内的一个项目，它是由德国建筑师A.斯皮尔与在拉各斯的建筑师J.伯杰合作设计的，计划于非洲统一组织在阿布贾举行会议前竣工。这座会议大厅坐落在阿布贾的国际外交区，采用非洲传统建筑形式。建筑长130米，跨度70米，薄壳结构的屋顶用两排粗大柱子支撑。在会议大厅短边的入口处，是一面巨大的玻璃幕墙，透过它可以看到阿布贾市中心的景色。主会议大厅

能容纳1800人，装备有现代化的视听设备。委员会议室、贵宾会议室、总统休息室、餐厅以及其他辅助设施，都安排在与主会议大厅相邻的附属建筑内。

↑ 3 外观

照片由A. 斯皮尔（法兰克福）提供

参考文献

As & P Statement.
Architecture and Urbanism (Tokyo), July 1994.

93. 商业研究生院

地点：开普敦，南非
建筑师：R．福克斯建筑师事务所
设计 / 建造年代：1991

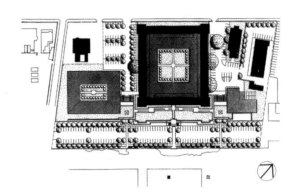

→ 1 总平面

↑ 2 内景

　　开普敦商业研究生院建筑群是非洲老建筑再循环利用的一个最典型的例子：把古老的防波堤监狱改建为一座新的高等学府。防波堤监狱建于1859年，最初几十年主要用于监禁白人囚犯，到1901年以后才开始收容各种族的犯人。在1905年以后，这座监狱的部分建筑已变得年久失修，另一部分则改为黑人码头工的劳动医院。

　　在把监狱的老建筑改建为现代化的商业研究生院的过程中，保留了老建筑堡垒式的特色以及建筑物围绕在露天庭院四周的格局，在建筑内部增添了各种设施以满足新的功能要求。

参考文献

Exhibition Catalogue, *Revel Fox: Reflections on the Making of Space*, South African National Art Gallery, Cape Town, 1998.

↑ 3 全景

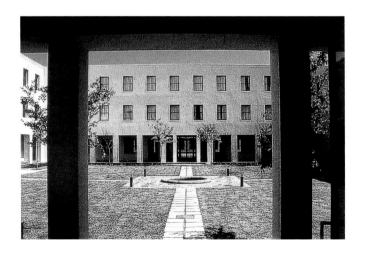

↑ 4 外观

← 5 庭院景观
　　（芝加哥的 N. 埃利赫提供）

除署名者外，其余图和照片由 R. 福
克斯建筑师事务所（开普敦）提供

94. 退休老人居住建筑群

地点: 开普敦, 南非
建筑师: R. 福克斯建筑师事务所
设计/建造年代: 1991

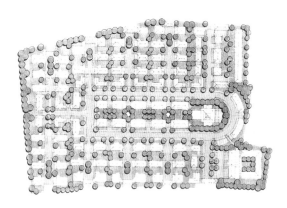

→ 1 总平面

埃奇米德退休老人居住建筑群是由南非花园城市协会出资建造的, 这是该协会有关设计一个适合老年人社区的长期承诺的一部分。这个建筑群紧靠市镇的中心, 包含100套单幢平房, 配有公共的餐厅和娱乐设施。所有的单幢平房都布置在一条环形道路的四周, 环形道路则包围着一块乡村的绿地, 并向四周延伸为一条条的尽端式道路。每幢平房的车库都与街道相通, 建筑群中每幢平房的立面都各具特色。这个退休老人居住建筑群具有好望角传统农舍与渔民小屋的简朴风格。

参考文献

Exhibition Catalogue, *Revel Fox: Reflections on the Making of Space*, South African National Gallery, Cape Town, 1998.

↑ 2 外观

↑ 3 外观

图和照片由 R. 福克斯建筑师事务所（开普敦）提供

95. 南非储备银行约翰内斯堡分行

地点: 约翰内斯堡，南非
建筑师: 迈耶－皮纳尔建筑师事务所
设计／建造年代: 1991—1996

→ 1 模型

南非储备银行在约翰内斯堡的新分行位于城市金融中心的西端，在该市中心区占据了一块非常重要的位置。在设计这座建筑时，考虑的一个基本问题是如何保证银行的安全，使它的外形显得"固若金汤"。因为这家分行不像美国诺克斯堡（美国联邦政府黄金贮存地。——编者注）那样经营商业方面的业务，所以它的建筑的各个部分对外界环境都是封闭的，只留有门、窗这类的较小开口。所选用的建筑材料，如黑色大理石、抛光的钢材、黑色氧化铝、红砖、铜和槭木等，都是经久耐用和无须精心维护的。尽管如此，建筑内部的工作环境还是布置得令人舒适愉快，照明也良好。这座银行建筑带连拱廊的风格，明显地受罗马拱券建筑的影响。

参考文献

de Plassis, Chrisna, "Keeping Something in Reserve", *World Architecture*, Oct. 1996.
Fisher, Roger C., "Piggy-Bank of Pig-in-a-Poke?", *Architecture SA*, March / April 1997.
"The South African Reserve Bank", *Planning* 144.

↑ 2 外观

→ 3 外墙细部
→ 4 内景
↓ 5 剖面

图和照片由 C. 马伦（约翰内斯堡）提供

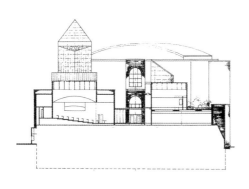

96. 混合开发建筑群

地点：哈拉雷，津巴布韦
建筑师：皮尔斯建筑师事务所（M. 皮尔斯）
设计 / 建造年代：1991—1996

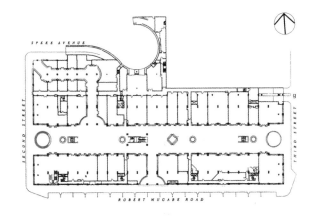

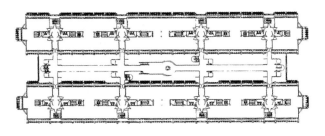

↑ 1 底层平面
↑ 2 二层平面
↝ 3 立面细部

在非洲商业建筑的发展中，哈拉雷市中心新建的一批城市建筑是一个突飞猛进的例子，尤其表现在建筑的质量上。这些建筑的设计，不再像长期以来大多数非洲国家那样，只是简单地依靠建筑技术的转让，而是力图使建筑与当地的气候条件、建筑传统以及能源的合理利用协调起来。这个成功地解决了热带湿热气候所造成的问题的建筑群，位于这座首都城市商业区的东面，占据了半个街区，可提供5600平方米的出租面积和450个停车位。建筑群中的大楼都具有新颖别致和

吸引人的造型，其设计的创新之处还在于充分地利用了自然通风（冷的和热的），只有大楼的头两层才采用机械通风。建筑师们在设计这种自然通风系统时，从海德拉巴房屋的吸风口和非洲的白蚁巢那里获得了启发："我们所采用的模型是白蚁巢，因为它是一个生态系统，而不是一个'居住机器'。而海德拉巴房子的吸风口则像一个抽气筒或太阳能加速器。"（摘自皮尔斯建筑师事务所的小册子）设计这个建筑群的建筑师们还与O.阿鲁普建筑师事务所合作，为大楼设计了看起来厚重的外墙和在向阳的北立面上的小窗户。这个建筑群包括两座九层的大楼，两者之间用145米长的玻璃围成的中庭相连，大楼的头两层是商店。在中庭的上方，横跨着四组桥式横梁，它们的间隔是35米。在两座大楼的楼层间，还另有过道桥相连。哈拉雷混合开发建筑群在1997年获得了富尔顿混凝土利用优异奖和钢结构奖。

参考文献

Slessor, Catherine, "Critical Mass", *The Architectural Review*, September 1996.

The Arup Journal, January 1997.

"Genius of Termites Provides Model for an Office Complex", *Herald International Tribunal*, Feb.14, 1997.

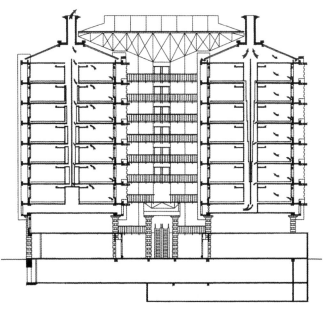

97. 约翰内斯堡体育场

> 地点：约翰内斯堡，南非
> 建筑师：阿鲁普建筑师事务所
> 设计/建造年代：1992—1995

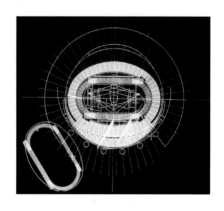

← 1 总平面

约翰内斯堡体育场作为南非第一座重要的体育场，曾由于竞争申办2004年奥林匹克运动会而一时身价倍增，可惜的是后来输给了在竞争中获胜的开普敦。这座体育场坐落在艾丽斯公园里，最终建成后可容纳55000名观众，它为这座城市创造出一种新的国际化大都市的氛围。这座体育场面向东北方向，场地向东南方向倾斜，并且低于天然的地面。体育场的形状为圆形，它的一侧被柱子和钢缆组成的花格所包围，它们支撑着一块200米长的极薄的顶篷，顶篷向外悬出43排座位。体育场的座位分成四个等级——服务人员席、主要观众席、俱乐部会员席和上部观众席，另外还划分出运动员、新闻媒体、贵宾、官员和外交使节的专门区域。体育场的设计除了满足指定的要求外，还可以用于小型的地区性活动，如音乐会、狂欢节活动和产品发布会等。

参考文献

Burland, James, Alan Jones, Rob Lamb, "Johannesburg Athletic Stadium", *The Arup Journal* 2, 1996.

↑ 2 外观

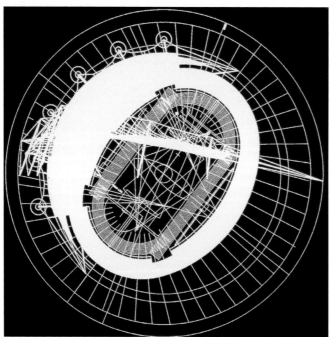

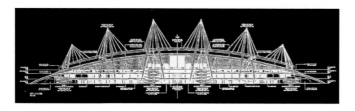

← 3 座位区
← 4 平面
← 5 剖面

图和照片由阿鲁普建筑师事务所
（伦敦）提供

324

98. 尼日利亚政府各部建筑群

地点: 阿布贾, 尼日利亚
建筑师: A. 斯皮尔建筑师事务所
设计 / 建造年代: 1992—1996

→ 1 模型

德国建筑师 A. 斯皮尔（1934年生）的事务所与尼日利亚 PLC 公司的 J. 伯杰合作，设计了建于尼日利亚新首都阿布贾的政府各部建筑群，其中之一已于1992年竣工。这个建筑群坐落在阿布贾的市中心区，邻近尼日利亚的三大权力机构（国民大会、最高法院和总统宫）。它包括两座十二层的大楼，大楼有金字塔形的屋顶和内部天井，大楼内设有政府的四个部。它是阿布贾市的一座有纪念意义的建筑物。这个建筑群有围在里面的第二个立面，这样可以避免阳光的辐射和炫目。大楼内每个房间的空气流通依靠与天井相通的空气管道系统。两幢大楼的旁边，有两座附属建筑、带天窗的长廊和办公室围绕着露天庭院。建造大楼所用的材料是填充砖石的混凝土框架、尼日利亚花岗岩和在阿布贾预制的楼板。

参考文献

"Albert Speer", *Architecture and Urbanism*, July 1994.
Bilfinger and Berger Brochure.

↑ 2 外观

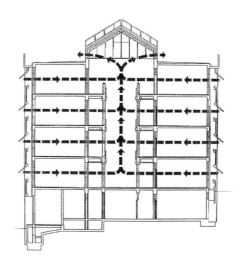

⇨ 3 立面
⇨ 4 内景
⇨ 5 空气循环系统图

图和照片由 A. 斯皮尔（法兰克福）
提供

99. 英国高级专员公署

地点: 内罗毕, 肯尼亚
建筑师: H. 卡卢姆和 R. 南丁格尔
设计 / 建造年代: 1997

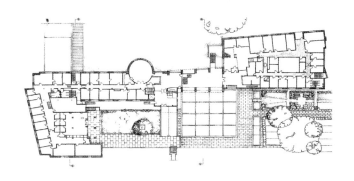

→ 1 平面

内罗毕新的英国专员公署是由居住在伦敦的建筑师 H. 卡卢姆和 R. 南丁格尔设计建造的。这个位于内罗毕一座小山半山腰上的建筑群分成东南和西北两翼, 与一个露天庭院为邻, 从那里可以望见包括由 A.D. 康内尔设计的肯尼亚议会大厦在内的内罗毕城市景色。由卡卢姆和南丁格尔设计的这座英国专员公署, 明显地继承了几十年前由康内尔创立的建筑设计传统。这个建筑群的主要入口与一条门廊相连, 门廊通往东南侧的高级专员办公室和接待大厅。由接待大厅通过楼梯可达用玻璃围成的平台, 从平台上可以俯瞰内罗毕市区。楼梯间的墙壁装饰着一些 K. 怀特福德创作的艺术品。在建筑群的西北侧, 是沿着一条回廊布置的商业援助与发展部门的办公室。回廊的一部分是从主楼突出到花园里去的椭圆形会议室以及用于展览室的空间。专员办公室位于大楼前面一排较低的建筑内。建筑群的后面是一座山坡花园, 其中有工作人员住所和俱乐部。

根据业主的要求, 建筑师把设计的重点放在了建筑内的各个办公室, 而不是露天的部分。整体位于山腰上的这个建筑群的露天部分分成两层: 较高的部分是一个面积较大的前院和大门入口区; 较低的部分是花园、俱乐部会所和一个游泳池。大楼选用的建筑材料是肯尼亚的灰色岩

石，其外表很像按当地古老　　　↑ 2 外观

传统雕刻的花岗岩。

参考文献

Slessor, Catherine, "Diplomatic Service", *The Architectural Review*, July 1997.

↤ 3 外墙细部
⤓ 4 轴测图
⤓ 5 立面

图和照片由 H. 卡卢姆和 R. 南丁格
尔（伦敦）提供

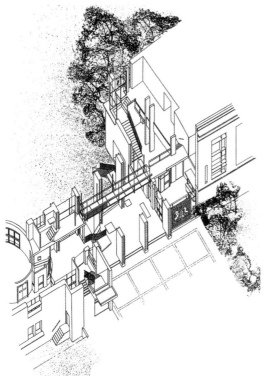

100. 托塔尔石油公司大楼

地点：阿布贾，尼日利亚
建筑师：Z. 阿赫迈德（TRIAD 建筑师事务所）
设计 / 建造年代：1997

在建设尼日利亚的新首都阿布贾的过程中，几位尼日利亚建筑师和他们的事务所获得了设计和建造列入日本建筑师丹下健三制定的城市规划中的大型建筑的机会。Z. 阿赫迈德设计了财政部大楼和托塔尔石油公司大楼，后者是一座宏伟的建筑，它的外部由垂直的装饰件组成，从而增强了这座大楼高耸的特征。

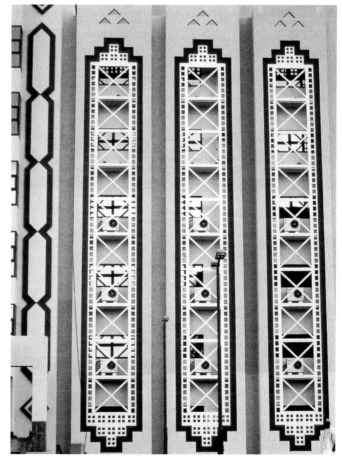

↑ 1 立面细部

↑ 2 示出冷却系统的立面

照片由 TRIAD 建筑师事务所提供

总参考文献

Abraham, Kinfe, *Ethiopia: From Bullets to the Ballot Box*, Lawrenceville, 1994.

Abu-Lughod, Ibrahim, Ed., *African Themes: Northwestern University Studies in Honor of Gwendolen M.Carter*, Evanston,1975.

Achebe, Chinhua, *Things Falling Apart*, London, 1958.

-, *Morning Yet on Creation Day*, Garden City, New York., 1967.

Adamson, J., *The Peoples of Kenya*, New York, 1967.

Ady, P.H., Ed., *Africa*, Oxford, 1967.

Afolalu, Raphael Olu, *A History of Africa Since 1800*, Ibadan, 1972.

Ajayi, J.F. Ade, *Christian Missions in Nigeria*, Evanston, 1965.

-, Ed., *The City of Lagos*, London, 1975.

Albright, D.E., Ed., *Communism in Africa*, Bloomington, 1980.

Alexander, Pierre, *Les Africains*, Paris, 1981.

Alimen, H., *Préhistoire de l'Afrique*, Paris, 1981.

Amato, C.V.C., *Africa Speaks*, New York, 1975.

Andersen, Kaj Blegvad, *African Traditional Architecture*, Nairobi, 1977.

Anene, Joseph C. and Godfrey N. Brown, Eds., *Africa in the Nineteenth and Twentieth Centuries*, Ibadan, 1966.

Ansprenger, F., *Politik im Schwarzen Erdteil*, Cologne, 1961.

Applah, Kwame Anthony, *Cosmopolitan Patriots, Critical Inquiry,* Spring, 1997.

-and Amy Gutman, *Color Conscious*, 1996.

Applgryn, M.S., *Johannesburg: Origins and Early Management, 1886-1899*, Pretoria,1984.

Aradeon, David, "Space and House Form: Teaching Cultural Significance to Nigerian Students", *Journal of Architectural Education*, 35, 1981.

Archer, Robert, *Madagascar depuis 1972*, Paris, 1976.

L'Architecture Algerienne, Madrid, 1974.

Arnold, Gut, *South Africa: Crossing the Rubicon*, New York, 1992.

Arnold,Stephen H. and Andre Nitecki, Eds., *Culture and Development in Africa*, Trenton, 1990.

Arnoldi, Mary Jo, Christaut M.Geary and Kris L. Hardin, Eds., *African Material Culture*, Bloomington, 1996.

Auge, Marc, Ed., *Afrique Plurielle, Afrique Actuelle: Hommage a Georges Balandier*, Paris, 1986.

Ayeni, M.A.O., "Living Conditions of the Poor in Lagos", *Ekistics*, Febr. 1977.

Ayisi, Eric, *An Introduction to the Study of African Culture*, London, 1979.

Ayittey, George B., *Africa Betrayed*, New York, 1992.

Azikiwe, Nnamdi, *Renascent Africa*, Accra, 1937.

Baker, Herbert, *Cecil Rhodes*, London, 1934.

Balandier, Georges, *Zwielichtiges Afrika*, Stuttgart, 1959.

Barnes, Leonard, *African Renaissance*, Indianapolis, 1969.

Bascom, W.R. and M.J.Herskovits, *Constancy and Change in African Cultures*, Chicago, 1959.

Bauch and Mertens, *German Culture of the Cape*, Cape Town, 1964.

Baxter, T.W. and R.W.S. Turner, *Rhodesian Epic*, Cape Town, 1966.

Beier, Ulli, "Moderne Architektur in Nigeria" *Baukunst und Werkform*, 1957.

Beinart, William, *Twentieth Century South Africa*, New York, 1994.

Benjamin, Arnold, *Lost Johannesburg*, 1979.

Bennett, Norman R., *Africa and Europe: From Roman Times to the Present,* New York, 1975.

-, *Arab versus European, Diplomacy and War in Nineteenth Century East Central Africa*, New York, 1986.

Bernatzik, Hugo Adolf, *Afrika. Handbuch der angewandten Voelkerkunde*, Innsbruck, 1947.

Biggs-Davidson, *Africa-Hope Deferred*, London, 1972.

Blier, Susanne Preston, *The Royal Arts of Africa: The Majesty of Form*, New York, 1998.

Bonn, Giesla, *Afrika verlaesst den Busch*, Duesseldorf, 1968.

-, Leopold Sedar Senghor, *Wegbereiter der culture universelle*, Duesseldorf, 1968.

Borchert, Peter, *This is South Africa*, Cape Town, 1993.

Bourdier, Jean-Paul and Trinh T. Minh-Ha, *Drawn From African Dwellings*, Bloomington, 1996.

Bravmann, Rene A., *African Islam*, Washington, D.C., 1983.

Breytenbach, Cloerte, *The New South Africa: The Zulu Factor*, Montagu, 1991.

Brian, Robert, *Art and Society in Africa*, London, 1980.

Bridgeland, Fred, *Jonas Savimbi: A Key to Africa*, New York, 1987.

Brokensa, David and Michael Crowder, Eds., *Africa in the Wider World*, Oxford, 1967.

Brown, Gordon, *South Africa Heritage*, Cape Town, 1960.

Brown, J., Lutyens and the Edwardians, *An English Architect and His Clients*, New York, 1996.

Beehlmann, Werner, *Afrika: Gestern, Heute, Morgen*, Freiburg, 1961.

Bunting, Brian, *The Rise of the South African Reich*, 1986.

Busia, K.A., *The Challenge of Africa*, New York, 1962.

Byrnes, Rita M., Eds., *South Africa: A Country Study*, Washington D.C., 1997.

Cagnolo, F.C., *The Agikuyu*, Nyeri Mission, 1934.

Caldwell, J.C. and C. Okonje, Eds., *The Population of Tropical Africa*, 1970.

Cameron, James, *The African Revolution*, London, 1961.

Cameron, Trewhella, *Jan Smuts: An Illustrated Biography*, Cape Town, 1994.

Campbell, Jane, *Mystic Black Fiction: The Transformation of History*, Knoxville, 1986.

Carroll, Kevin, *Architecture in Nigeria*, London, 1992.

Catz, P., *Afrika Straks*, Amsterdam, 1947.

Chanock, Martin, *Britain's Rhodesia and South Africa, 1900-1945: The Unconsumed Union*, Totowa, 1977.

Chipkin, Clive M., *Johannesburg Style: Architecture and Society 1880s-1960s*, Cape Town, 1993.

Christopher, A.J., *Colonial Africa*, London, 1984.

Cockcroft, L., *Africa's Way: A Journey from the Past*, London, 1990.

Collins, Robert O, *Europeans in Africa*, New York, 1971.

-Ed., *African History: Text and Readings*, New York, 1971.

-Ed., *Central and South African History, South African History: Text and Readings*, Vol. III ,New York, 1990.

Collier, Joy, *Portrait of Cape Town: Landmark of a New Generation*, Los Angeles, 1996.

Crowder, Michael, *The Story of Nigeria*, London, 1962.

Cummings-George, L. Ed., *Architecture in South Africa*, Vol.1 and 2, Cape Town, 1933 and 1934.

D'Azenedo, W., *The Traditional Artist in African Societies*, Bloomington, 1973.

Decalo, Samuel, *Historical Dictionary of Niger*, Metuchen, N.J., 1979.

Daggs, Elisa, *All Africa: All Its Political Entities of Independent and Other Stories*, New York, 1970.

Damachi, Ukandi Godwin, *Nigerian Modernization: The Colonial Legacy*, New York, 1972.

Davenport, T.R.H., *South Africa in Modern History*, London, 1977.

Davidson, Basil, *The African Awakening*, 1954.

-,*Urzoit und Geschichte Afrikas*, Hamburg,1961.

-,*The African Past: Chronicles from Antiquity to Modern Times*, Boston, 1964.

-,*The African Genius: An Introduction to African Culture and Social History*, Boston, 1974.

-,*Can Africa Survive? Arguments Against Growth Without Development*, Boston, 1974.

-,*The People's Cause: A History of Guerrillas in Africa*, London, 1981.

Decraene, Philippe, *Le Panafricanisme*, Paris, 1959.

Delafosse, M., *Les Noires de l'Afrique,* Paris, 1922.

Delange, J., *The Art and People of Black Africa*, New York, 1978.

Delbridge, W.J., "Modern Architecture in South Africa" , *Cape Times Annual*, 1933.

Denyer, Susan, *African Traditional Architecture*, New York, 1978.

Dia, Mamdou, *L'Economique Africaine*, Paris, 1957.

Dickie, J., and A.Rake, *Who's Who in Africa*, London, 1973.

Diop, C.A,*L' Afrique Noire precoloniale*, 1960.

-,*The African Origin of Civilization: Myth or Reality*, New York, 1974.

Dmochowski, Z.R., *An Introduction to Nigerian Architecture*, Vol 3., London, 1990.

Drachler, Jacob, Ed., *Black Homeland-Black Diaspora*, London, 1975.

Dugus, Gil, *Vers les Etats-Units d'Afrique*, Dakar, 1960.

Edelstein, Melville Leonard, *What Do The Coloured Think*? Johannesburg, 1974.

Edwardsen and Hegdal, *Rural Housing in Tanzania*, Dar es Salaam, 1972.

Egharevba, Jacob U., *A Short History of Benin*, Benin, 1953.

Ekwensi, Cyoprian, *People of the City*, New York, 1959.

Elleh, Nnamdi, *African Architecture*: *Evolution and Transformation*, New York, 1997.

Elliott, Arthur, *A Cape Camera: The Architectural Beauty of the Old Cape*, Johannesburg, 1993.

Ellis, Stephen, Ed., *Africa Now: People, Politics and Institutions*, London, 1996.

Fage, J.G., *An Atlas of African History*, 1958.

-, "The Development of African Historiography" , in *General History of Africa*, Vol.1, Paris, 1981.

Fagg, William, "In Search of Meaning in African Art" , in A. Forge, Ed, *Primitive Art and Society*, Oxford, 1973.

Falola, Toyin, "Nigeria in the Global Context of Refugees", *Journal of Asian and African Studies*, June 1997.

Fanon, Frantz, *The Wretched on the Earth*, New York, 1963.

-, *A Dying Colonialism*, New York, 1965.

-,*Black Skin, White Mask*, New York, 1967(first 1951).

Faupel, J.F., *African Holocaust: The Story of the Uganda Martyrs*, London, 1965.

February, Vernon, *The Afrikaners of South Africa*, New York, 1991.

Feinstein, Alan, *African Revolutionaries: The Life and Times of Nigeria' Aminu Kano*, Boulder, 1987.

Fetter, Bruce, Ed., *Colonial Rule in Africa: Readings of Primary Sources*, Madison, 1979.

Finnegan, Ruth, *Oral Literature in Africa*, Oxford, 1972.

Forde, Daryll, Ed., *African Worlds,* London, 1954.

Francis, Armet, *The Black Triangle: The People of the African Diaspora*, London, 1985.

Fransen, Hans, *Drie Eeue Kurs in Sud-Afrika*, Pietermaritsburg, 1991.

Frobenius, Leo, *Masken und Geheimbuende Afrikas*, Halle, 1898.

-,*Und Afrika sprach*, Berlin, 1912.

-,*Das unbekannte Afrika*, Munich, 1923.

-,*Erythraeaa*, Berlin, 1931.

-,*Kulturgeschichte Afrikas*, Zurich, 1933.

Froelich, J.C., *Muselman d' Afrique noire*, Paris, 1962.

Fry, E.M. and Jane Drew, *Village Housing in the Tropics*, London, 1953.

Fuglestad, Finn, *A History of Ñiger, 1850-1960*, Cambridge, 1983.

Gache, P. and R. Mercier, *L' Allemagne et l' Afrique*, Paris, 1960.

Gardi, Rene, *Indigenous African Architecture*, New York, 1973.

Garlake, Peter S., *The Early Islamic Architecture of the East African Coast*, Nairobi, 1966.

Gatti, Ellen and Attilio, *The New Africa*, New York, 1960.

Geiss, Imanuel, *Panafricainisme: Zur Geschichte der Dekolonisation*, Frankfurt, 1968.

Ghebre-Ab, Habtu, Ed., *Ethiopia and Eritrea: A Documentary Study*, Trenton, N.J., 1993.

Giannini, Sandro, *The African Continent*, Casabella 368/369, 1972.

Gide, Andre, *Voyage au Congo*, Paris, 1927.

Gibbs, H., *Twilight in South Africa*, London, 1950.

Glueck, Julius F., "African Architecture" , in E.P. Skinner, Ed., *Peoples and Cultures of Africa*, New York, 1973.

Goldblatt, David, Margaret Courtney-Clarke and John Kench, *Cape Dutch Homesteads*, Cape Town, 1981.

Gorer, Geoffrey, *Geheimes Afrika*, Bern, 1950.

Gratus, Jack, *The Great White Lie: Slavery, Emancipation and Changing Racial Attitudes*, New York, 1973.

Greig, Doreen E., *The Domestic Work of Sir Herbert Baker in the Transvaal, 1902-1912*, Johannesburg, 1958.

-, *Herbert Baker in South Africa*, Cape Town, 1971.

-, *A Guide to Architecture in South Africa*, Cape Town, 1971.

Griffiths, I.L., *An Atlas of African Affairs*, New York, 1984.

-,*The African, Inheritance*, New York, 1995.

Griaule, M., *Arts de l' Afrique Noire*, Paris, 1947.

Grinker, Roy Richard and Christopher B. Steiner, Eds., *Perspectives on Africa: A Reader in Culture, History and Representation*, Oxford, 1997.

Grove, A.T., *Africa,* Oxford, 1978 (first 1967).

Gruner, Dorothee, *Die Lehm-Moschee am Niger: Dokumentation eines traditionellen Bautyps*, Stuttgart, 1990.

Gukiina, Peter M., *Uganda: A Case Study in African Political Development*, London, 1972.

Gutkind, Peter C.W. and Peter Waterman, Eds., *African Social Studies: A Radical Reader*, New York, 1977.

Gutterridge, William, Ed., *South Africa: From Apartheid to National Unity, 1981-1994*, Brookfield, Vermont, 1995.

Hall, R.N., *Great Simbabwe*, 1905.

Harlow, V. and E.M. Chilver, *History of East Africa*, Oxford, 1965.

Harrop-Allin, Clinton, *Norman Eaton, Architect*, Cape Town, 1975.

Hassan, Alhaji, *A Chronicle of Abuja*, Ibadan, 1952.

Hassan, Y.F., *The Arabs and Sudan*, Edinburgh, 1967.

Hassert, K., *Die Erforschung Afrikas*, Leipzig, 1942.

Hatch, John, *Africa Today and Tomorrow*, London, 1965 (2nd Ed.).

Hatfield, Denis, Ed., *Some South African Monuments*, Cape Town, 1967.

Heday, Philippe, *Histoire de l'Afrique*, Paris, 1985.

Henderson, John P. and Harry A. Reed Eds., *Studies in the African Diaspora: A Memorial to James R. Hooke*, Dover MA, 1989.

Henry, Paul, *Africa Aeterna: The Pictorial Chronicle of a Continent*, Lausanne, 1965.

Herbert, Gilbert, *Martienssen and the International Style*, Cape Town, 1975.

Hepple, Alex, *South Africa: A Political and Economic History*, New York, 1966.

Herskovitz, M.J., *Acculturation*, 1938.

-, *The Myth of the Negro Past*, 1941.

-, *Background of African Art*, Denver, 1945.

Heyden, Ulrich van der, and Achim von Oppen, Eds., *Tanzania: Koloniale Vergangenheit und neuer Aufbruch*, Muenster, 1996.

Hibbert, Christopher, *Africa Explored*, London, 1982.

Hobley, C.W., *Kenya from Chartered Company to Crown Colony*, London, 1929.

Holford, William, *The City and the Farm*, Johannesburg,N.Y.,1964

Holod, Renata and Ilasan-Uddin Khan, *The Mosque and the Modern World*, London, 1997.

Hooper, C., *Design for Climate*, Nairobi, 1975.

Hopkinson, Tom, *South Africa*, New York, 1964.

Horton, Robin, *Ritual Man in Africa, Africa 34*, 1964.

Hoskins, Halford Lancaster, *European Imperialism in Africa*, New York, 1930.

Howie, W.D., *Contemporary Architecture: in South Africa*, Johannesburg, 1958.

Hughes, David, *Afrocentric Architecture: A Design Primer*, Columbus, Ohio, 1994.

Huxley, Elspeth, *Afrika-eine Herausforderung*, London, 1971.

Ingham, Kenneth, *The Making of Modern Uganda*, Westport, CT, 1958.

Jacobs, A., "Traditional Housing among the Pastoral Maasai", *Plan East Africa*, Jan.-Feb. 1971.

-, "The Warrior Village Ritual House of the Maasai", *Plan East Africa*, March-April 1971.

Jaehrling, Rolf, *Economic Housing in Africa*, Addis Abeba, 1976.

Jaffe, Hosea, *A History of Africa*, London, 1985.

Jahn, Janheinz, *Muntu: Umrisse der neoafrikanischen Kultur,* Duesseldorf, 1958.

-, *Durch afrikanische Tueren*, Duesseldorf, 1960.

Jewsiewicki, Bogumil, *Art et Politiques en Afrique noire*, Montreal, 1989.

Jochannan, Yosef Ben and John Henri Clarke, *New Dimensions in African History*, Trenton N.J., 1991.

Junod, Violaine, Ed., *The Handbook of Africa*, New York, 1963.

Kaarsholm, Preben, Ed., *Cultural Struggle and Development in Southern Africa*, Harare, 1991.

Kamau, J., *The Rise and Fall of Idi Amin*, London, 1979.

Kaplan, Irving, *Angola: A Country Study*, Washington, D.C., 1979.

Kasfir, Nelson, Ed., *State and Class in Africa*, London, 1984.

Kaufmann, Herbert, *Afrikas Weg in die Gegenwart*, Braunschweig, 1963.

-, *Nigeria,* Bonn, 1958.

Kaunde, Kenneth, *Zambia: Independence and Beyond*, London, 1960.

Kearney, Brian, *Architecture in Natal from 1824 to 1893*, Cape Town, 1973.

Keaths, Michael, Herbert Baker, *Architecture and Idealism, 1882-1913*.

The South African Years, Gibraltar,no year (ca.1980).

Kenyatta, Jomo, *Facing Mount Kenya*, London, 1938.

Ki Zerbo, J., *Methodology and African Prehistory*, London, 1981.

Kimambo, I.N. and A.J. Temu, Eds., *A History of Tanzania*, Nairobi, 1969.

Kivy, Noel, *Christian and Muslim in Africa*, New York, 1987.

Kleist, Peter, *Suedafrika*, Goettingen, 1963.

Knoll, Arthus J., *Togo Under imperial Germany, 1884-1914: A Case Study in Colonial Rule*, Stanford, 1978.

Kodjo, Edem, *Africa Tomorrow*, New York, 1987.

Kramer, Hans. Ed., *Afrika im antiimperialistischen Kampf*, Berlin, 1978.

Kritzeck, James and William H. Lewis, Eds., *Islam in Afrika*, New York, 1969.

Kollmannsperger, Franz, *Von Afrika nach Afrika. Unsichtbare Revolution im Schwarzen Erdteil*, Mainz, 1965.

Kuckertz, Heinz, *Creating Order: The Image of the Homestead in Mpongo Social Life*, Johannesburg, 1990.

Kultermann, U., *Wie bauen die jungen Afrikaner*, Der Tagesspiegel, 1961.

-, "Comment construisent les jeunes Africaines" , *Afrique*, November 1962.

-, *New Architecture in Africa*, New York, 1963.

-, "In einem ganz anderen Land" , in *Die Kunst zu Hause zu sein*, Munich, 1965.

-, "Schaut auf Simbabwe" , *Artis* 4, 1966.

-, "Architettura di africani per africani" , *Casabella 306*, 1996.

-, "Afrikaner bauen fuer Afrikaner" , *Die Tat*, September 1967.

-, *New Directions in African Architecture*, New York, 1969.

-, *Architecture in the Seventies*, London and New York, 1980.

-, "Kulturkreislehre und Kulturmorphologie: Leo Forbenius (1873-1938)" , in *Kunst und Wirklichkeit*, Munich, 1991.

-, *Contemporary Architecture in the Arab States-Renaissance of a Region*, New York, 1999.

Kuper, Hilda, *The Swazi: A South African Kingdom*, New York, 1965.

Langhans-Carter, R.R., *Old St. George's: The Story of Cape Town's First Cathedral*, Rotterdam, 1977.

Larson, Charles R., *Under African Skies: Modern African Stories*, New York, 1997.

Legum, Colin, *Pan-Africanism: A Short Political Guide*, London, 1962.

-, Ed., *Africa: A Handbook to the Continent*, New York, 1962.

Lewcock, R. B., *Early Nineteenth Century Architecture in South Africa*, Cape Town,1963.

-, "Architecture in Africa" , in *South Africa Architect*, March 1998.

Liniger-Goumas, Max, *Historical Dictionary of Equatorial Guinee*, Metuchen, N.J., 1979.

Lloyd, Peter C., *The City of Ibadan*, Ibadan, 1957.

-, *Africa in Social Change*, London, 1967.

-, *Slums of Hope? Shantytowns of the Third World*, New York, 1979.

Lowan, L. Gray, *The Dilemma of African Independence*, New York, 1964.

Lumumba, Patrice, *Le Congo, terre d'avenir est-il menace?*, Bruxelles, 1961.

MacDonald, Alexander, *Tanzania: Young Nation in a Hurry*, New York, 1966.

Maddox, Gregory, *The Colonial Epoch in Africa*, New York, 1993.

Mamdani, Mahmoud, *Imperialism and Fascism in Uganda*, London, 1983.

Mamdani, Mahmoud and Joe Oloka, Onyango, Eds., *Uganda,Studies in Living Conditions, Popular Movements and Constitutionalism*, Vienna, 1994.

Mandela, Nelson, *The Struggle of My Life*, New York, 1990 (3rd ed.).

-, *How Far We Slaves Have Come: South Africa and Cuba in Today's World*, New York, 1991.

-, *Long Walk to Feedom: The Autobiography of Nelson Mandela*, Boston, 1994.

Mandy, Nigel, *A City Divided: Johannesburg and Soweto*, New York, 1984.

Manling,Frank E., *Over Africa: Letters from Victorian Soldiers*, London,1986.

Mann, Erica, "An Innovative Approach to Planning in Rural Areas: The Self-help Layout" , *Ekistics* 279, Nov.-Dec. 1979.

Mannoni, O., *Prospero and Caliban: The Psychology of Colonization*, New York, 1964.

Mansfeld, Alfred, *Westafrika*, Munich, 1928.

Marjay, Frederic P., *Angola*, Lisbon, 1961.

Markowitz, Irving L., *Leopold Senghor and the Politics of Negritude*, New York, 1969.

Martin, Phyllis M. and Patrick O'Meara, Eds., *Africa*, Bloomington, 1977.

Massam, J.A., *The Cliff Dwellers of Kenya*, London, 1927.

Massignon, Louis, *Annuaire du monde musulman*, Paris, 1962.

-, *Islam en Afrique*, Brussels, 1972.

Mauritania on the Move, Mauritania, 1966.

Maylam, Paul and Ian Edwards, Eds., *The People's City: African Life in Twentieth Century*, Durban, Pietermaritzburg, 1996.

Maquet, Jaques, *Civilizations of Black Africa*, New York, 1972.

Mazrui, A.A., *Violence and Thought: Essays on Social Tension in Africa*, London, 1969.

-, *The African Condition*: *A Political Diagnosis*, London, 1980.

-, *The Africans: A Triple Heritage*, Boston, 1986.

-and Michael Tidy, *Nationalism and New States in Africa: From About 1935 to the Present*, London, 1984.

-and Robert I. Rotberg, Eds., *Protest and Power in Black Africa*, New York, 1970.

Mbithi, P. and C. Barnes, *Spontaneous Settlement Problems in Kenya*, Nairobi, 1975.

Mbiti, John S., *African Religions and Philosophy*, New York, 1970.

Mboya, Tom, *The Kenya Question*: *An African Answer*, London, 1956.

McDonald, J .G., *Rhodes: A Heritage*, New York, 1969 (first 1943).

McIntosh, B.G., *Ngano*, Nairobi, 1969.

McLynn, Frank, *Heart of Darkness: The European Exploration of Africa*, New Providence, N.J., 1993.

Meister, Albert, *East Africa: The Past in Chains, The Future in Pawn*, New York, 1966.

Meulen, Jan Van der, *Die europaeische Grundlage der Kolonialarchitektur am Kap der Guten Hoffnung*, Diss. Marburg, 1962.

Meyers, *Handbuch über Afrika*, Mannheim, 1962.

Miers, S. and I. Kopytoff, Eds., *Slavery in Africa*, Madison, 1977.

Miles, William F.S., *Hausaland Divided: Colonialism and Independence in Nigeria and Niger*, Ithaca, 1994.

Miner, Horace M., *The Primitive City of Timbuctoo*, Princeton, 1953.

-, Ed., *The City in Modern Africa*, New York, 1967.

Miszeweski, Maciek, *The Quality of Life*, Cape

Town, 1977.

Moleah, Alfred Tokollo, *South Africa: Colonialism, Apartheid and African Dispossession*, Wilmington, 1993.

Monti, Nicolas, Ed., *Africa Then: Photographs 1840-1918*, New York, 1987.

Morgan, W.T.W., *Nairobi: City and Region*, Nairobi, 1967.

Morrison, Donald George, *Understanding Black Africa: Analysis of Social Change and Nation Building*, New York, 1984.

Moughtin, J.C., *Hause Architecture*, Nollingham, 1985.

Mountjoy, A.B., Ed., *The Third World Problems and Perspectives*, London, 1978.

Mshabela, Harry, *Townships of the Pretoria-Witwatersrand-Vereeniging*, Johannesburg, 1988.

Mudimbe, V.Y., *The Invention of Africa: Gnosis Philosophy, and the Order of Knowledge*, Bloomington, 1988.

Mukarovsky, Hans, *Afrika: Geschichte und Gegenwart*, Vienna, 1963.

Murdock, George Peter, *Africa: Its People and Their Cultural History*, New York, 1959.

Muriuki, G., *A History of the Kikuyu, 1500-1900*, Nairobi, 1974.

Murray, J.W., "Old Houses in Lagos", *Nigeria 46*, 1955.

Mutiwba, P., *Uganda Since Independence*, Kampala, 1992.

Mwaniki, H.S.K., *The Living History of Embu and Mbere to 1906*, Nairobi, 1973.

Ndeti, K., *Elements of Kamba Life*, Nairobi, 1972.

Nel, J., *Architecture in Africa South of the Sahara*, Johannesburg, 1964.

New, C., *Wanderings and Labours in Eastern Africa*, London, 1873.

New Africa, Tunis, 1962.

Nkrumah, Kwame, *Towards Colonial Freedon*, 1946.

-, *What I Mean By Positive Action*, 1950.

-, *Africa Must Unite*, London, 1963.

Nolutshunga, Sam C., *South Africa in Africa: A Study in Ideology and Foreign Policy*, New York, 1975.

Nzita, Richard, *Peoples and Cultures of Uganda*, Kampala, 1995.

Oberholster, J.J., *The Historical Monuments of South Africa*, Cape Town, 1972.

Obradovic, Nadezda, Ed., *African Rhapsody: Short Stories of the Contemporary African Experience*, New York, 1994.

Obukar, Charles and John Williams, *The Modern African*, London, 1965.

Odak, O., *Some Sirikwa Sites in Kaptagat Area*, 1974.

Ojo, C.J.A., *Yoruba Palaces*, London, 1966.

Oliver, Paul, *Shelter in Africa*, London, 1971.

Oliver, Roland and Anthony Atmore, *Africa Since 1800*, Cambridge, 1995 (first 1967).

Ottaway, Marina, *South Africa: The Struggle for the New Order*, Washington, D.C.,1993.

Ottenberg, Simon and Phoebe, *Cultures and Societies in Africa*, New York, 1971.

Ojany, F.F. and R.B.Ogendo, *Kenya: A Study in Physical and Human Geography*, Nairobi, 1973.

Ogot, B.A., Ed., *Zamani*, Nairobi, 1968.

Paden, J. and E. Soja, Eds., *The African Experience*, Evanston, 1970.

Parker, Graham and Patrick Pfukani, *History of Southern Africa*, London, 1975.

Parkes, Frank Kobina, *Songs From the Wilderness*, London, 1965.

P'Biter, Okot, *African Religions in Western Scholarship*, Nairobi,1970.

Pearce, G.E., "Cape Town Foreshore Plan", *South African Architectural Record*, March

1947.

Percy, Claire and Jane Ridley, Eds., *The Letters of Edwin Lutyens to His Wife Lady Emily*, London, 1985.

Peristiany, J.G., *The Social Institutions of the Kipsigis*, London, 1939.

Peters, Walter, *Baukunst in Suedwestafrika, 1884-1914*, Windhoek, 1981.

Pevsner, Nikolaus, "South Africa", *The Architectural Review*, Oct. 1959.

Picton-Seymour, Desiree, *Victorian Buildings in South Africa, 1850-1910*, Cape Town and Rotterdam, 1977.

-, *Historical Buildings in South Africa*, Cape Town, 1989.

Powers, Alan, "Connell, Ward and Lucas", in *The Dictionary of Art*, Vol.7, New York, 1996.

Prinsloo, Ivor, "Sixties Revisited", *Architecture SA*, July/August 1993.

-, "South Africa Synthesis", *The Architectural Review*, March 1995.

Prussin, Labelle, *Architecture in Northern Ghana*, Berkeley, 1969.

-, *The Architecture of Djenne*, New Haven, 1973.

-, "An Introduction to Indigenous African Architecture", *Journal of the Society of Architectural Historians 33*, 1974.

-, "West African Earthworks", *Art Journal*, Fall 1982.

-, Hatumere, *Islamic Design in West Africa*, Berkeley, 1986.

-, *African Nomadic Architecture: Space, Place and Gender*, Washington, D.C., 1995.

Quigg, Philip, W., Ed., *Africa: A Foreign Affairs Reader*, New York, 1964.

Rake, Alan, *Who's Who in African Leaders for the 1990's*, Metuchen, 1992.

Ramundo, Piergiorgio, Luanda, *Progettare: per la Riconstruzione universitaria in Angola*, Rome, 1991.

Ranger, T.O., Ed., *Aspects of Central African History*, Evanston, 1968.

Rapoport, A., *House Form and Culture*, Englewood Cliffs, 1969.

Ray, B.C., *African Religions: Symbol, Ritual and Community*, Englewood Cliffs, N.J., 1976.

Redecke, S., "St. Peter fuer den Praesianten", *Bauwelt* 5, 1998.

Reichhold, Walter, *Westafrika*, Bonn, 1958.

Rencken, C.R.E., Ed., *Union Buildings*, Pretoria, 1989.

Revel, Eric, *Madagascar: L'ile rouge*, Paris, 1994.

Richards, J.M., *New Building in the Commonwealth*, London, 1961.

Ritne, Peter, *The Death of Africa*, New York, 1960.

Roberts, Brian, *Cecil Rhodes Flawed Colossus*, New York, 1988.

Rodney, Walter, *How Europe Underdeveloped Africa*, Washington, D.C., 1974.

Rohrbach, P., *Afrika heute und morgen*, Berlin, 1939.

Romero, Patricia W., Ed., *Women's Voices on Africa: A Century of Travel Writings*, Princeton, 1992.

Rooney, D.D. and E. Halladay, *The Building of Modern Africa*, London, 1966.

Rosenthal, Eric, *The Rand Rush, 1886-1911, Johannesburg's First 25 Years in Pictures*, Johannesburg, 1974.

-, *Fish Horns and Hansons Cabs: Life in Victorian Cape Town*, Johannesburg, 1977.

Rotberg, Robert I., *The Founder: Cecil Rhodes and the Pursuit of Power*, New York, 1988.

-and A.A. Mazrui, Eds., *Protest and Power in Black Africa*, New York, 1970.

Roth, H.L., *Great Benin*, Halifax, 1903.

Rothchild, Donald S., *Toward Unity in Africa: A Study of Federalism in British Africa*, Washington, D.C., 1960.

Rubin, Neville, *Cameroon: An African Federation*,

New York, 1971.

Salamone, Frank A., "Art and Culture in Nigeria and the Diaspora" *Studies in Third World Societies 46*, 1991.

Salvadori,C. and A. Fedders, *Maasai*, London, 1973.

Sampson, Anthony, *Common Sense about Africa*, New York, 1960.

Sankan, S.S., *The Maasai*, Nairobi, n.d.

Schatz, S.P., Ed., *Africa South of the Sahara: Developments in African Economics*, London, 1972.

Schulthess, Emil, *Africa*, New York, 1959.

Scott, Michael, *A Time to Speak*, 1958.

Senghor, Leopold Sedar, *Tam-Tam Schwarz*, Heidelberg, 1955.

-, Ed., *Anthologie de la nouvelle poesie noire et malgache de lange francaise*, Paris, 1948.

-, *Negritude und Humanismum*, Dusseldorf, 1967.

Sevenin, Timothy, *The African Adventure*, London, 1973.

Shillington, Kevin, *History of Africa*, New York, 1989.

Sithole, Ndabaningi, *African Nationalism*, London, 1959.

Sjoberg, Gideon, *The Pre-Industrial City*, New York, 1960.

Skinner, Elliott P., Ed., *Peoples and Cultures of Africa*, New York, 1973.

Slessor, Catherine, "Clean Bowled", *The Architectural Review*, March 1995.

-, "Sacred Room", *The Architectural Review*, March 1995.

-, "Pearce Partnership: Mixed Development, Harare, Zimbabwe", *The Architectural Review*, Sept. 1996.

Smith, David M, Ed., *The Apartheid City and Beyond: Urbanization and Social Change in South Africa*, New York, 1992.

Snelder, Raoul, " The Great Mosque at Djenne" , *Mimar* 12, 1984.

Sorrenson, M.P.K., *Land Reform in the Kikuyu Country*, Nairobi, 1967.

Soyinka, Wole, *Season of Anomy*, New York, 1974.

-, *Myth, Literature and the African World*, Cambridge, 1976.

-, *The Years of Childhood*, New York, 1981.

-, *The Open Sore of A Continent: A Personal Narrative of the Nigerian Crisis*, New York, 1997.

Sparks, Allister, *The Mind of South Africa: The Story of the Rise and Fall of Apartheid*, New York, 1990.

Spencer, C., *Nomads in Alliance*, London, 1973.

Stals, E.L.P., Ed., *Africaners in die Goudstad*, Cape Town, 1978.

Stamp, Gavin, "Herbert Baker" , in *The Dictionary of Art*, Vol.3, New York, 1996.

Stanley, Henry M., *In Dark Africa*, London, 1890.

Stauch, H., "Neues Bauen in den Kolonien" , *Bauwelt*, 1935.

Stock, Robert, *Africa South of the Sahara: A Geographical Interpretation*, New York,1995.

Strauch, Hanspeter F., Panafrika: *Kontinentale Weltmachty im Werden,* Zurich, 1964.

Sutton, John, *A Thousand Years of East Africa*, Nairobi, 1990.

Suzuki, T., *Preliminary Report on the Houses of East Africa*, Kyoto University African Studies, Vol.VI, 1971.

Sykes, Laura and Uma Waide, *Dar es Salaam: A Dozen Drives Around the City*, Dar Es Salaam, 1997.

Tait, Barbara Campbell, *Cape Cameos: The Story of Cape Town in a New Way*, Cape Town, 1947.

Taylor, D.R.P. and Fiona Mackenzie, Eds., *Development From Within: Survival in Rural Africa*, London, 1992.

Tempels, Placide, *Presence Africaine*, Paris,

1949.

-, *Bantu Philosophie*, Heidelberg, 1956.

Tetzlaff, Rainer,Ulf Engel and Andreas Mehler, Eds., *Afrika zwischen Dekolonisation, Staatsversagen und Demokratisierung*, Hamburg, 1995.

Tidy, Michael, *A History of Africa, 1840-1914*, London, 1980.

Thompson, R.F., "Yoruba Artistic Criticism", in W.D'Azevedo, Ed., *The Traditional Artist in African Societies*, Bloomington, 1973.

Toure, Sekou, *L' Experience guineenne et l' unite africaine*, Paris, 1959.

Toussant, Auguste, *History of Mauritius*, London, 1977.

Trimingham, J. Spencer, *Islam in the Sudan*, London, 1949.

-, *The Influence of Islam on Africa*, London, 1968.

Trowell, M., *African Design*, London, 1960.

Trowell, M. and K.P. Wachsmann, *Tribal Crafts of Uganda*, London, 1953.

Tumasiime, J., Ed., *Uganda*: 30 Years 1962-1992, Kampala, 1922.

Twaddle, Michael, *Kakungulu: The Creation of Uganda, 1868-1928*, London, 1993.

Udo, R.K., "The Migrant Tenant Farmer in Eastern Nigeria", *Africa* 34, 1964.

-, *Geographical Regions of Nigeria*, London, 1970.

Vansina, Jan, *Art History in Africa: An Introduction to Method*, New York, 1984.

-, *Oral Tradition as History*, Madison, 1985.

-, *Paths to the Rainforests: Towards History of Political Transition in Equatorial Africa*, Madison, 1990.

-, "Africa", in *The Dictionary of Art,*Vol I, New York, 1996.

Vaughan, Richards, A., *The New Generation, The West African Builder and Architect,* March/ April 1967.

Vauthrin, Jak, *Villes Africaines*, Paris, 1989.

Venter, Paul C., *Soweto:Shadow City*, Johannesburg, 1977.

Verg, E., *Das Afrika der Afrikaner*, Stuttgart, 1960.

Villaret, F., "Evolution de l'architecture sud-Africaine", *La Construction Moderne*, April 1953.

Viney, Graham, *Historic Houses in South Africa*, New York, 1987.

Wagner, Michele D., *Whose History Is History? A History of the Baragane People, Southern Burundi, 1850-1932*, Diss. 1991.

Walker, C.J.M., "Francis Masey", in *The Dictionary of Art*, Vol 20, New York, 1996.

Walker, Eric, *A History of Southern Africa*, London, 1962.

Walton, James, *African Village*, Pretoria, 1956.

Waugh, Evelyn, *Travels in Africa*, Boston, 1960.

West, Michael O. and William G.Martin, "A Future With a Past: Resurrecting the Study of Africa in the Post-Africanist Era", *Africa Today* 44, 1997.

-, Eds., *Out of One,Many Africas: Reconstructing the Study of Africa*, Urbana Champaign, 1998.

Westermann, Diedrich, *Geschichte Afrikas*, Cologne, 1952.

Wilson, Henry S., *The Imperial Experience in Sub-Saharan Africa Since 1870*, Minneapolis, 1977.

Wright, Richard, *Black Power*, London, 1956.

Zahan, Dominique, *The Religion, Spirituality and Thougut of Traditional Africa*, Chicago, 1979.

Zamponi, Lynda F., *Niger*, Oxford, 1994.

Zell, Hans M., *The African Studies Companion: A Reserve Guide and Directory*, London, 1989.

Zuesse, Evan M., *Ritual Cosmos: The Sanctification of Life in African Religions*, Athens, Ohio, 1979.

英中建筑项目对照

⎯⎯⎯

1. St. Joseph's Roman Catholic Cathedral,Dar-es-Salaam,Tanzania,arch. unknown
2. Saint George's Cathedral,Cape Town,South Africa,arch. Sir Herbert Baker and Francis Edward Masey
3. Town Hall,Durban,South Africa,arch.Scott, Woolacott and Hudson
4. City Hall,Pretoria,South Africa,arch. unknown

5. Cecil Rhodes Monument,Cape Town,South Africa,arch.Sir Herbert Baker
6. The Great Mosque,Djenne,Mali,arch.Ismail Traore
7. Union Buildings,Pretoria,South Africa,arch.Sir Herbert Baker
8. City Hall,Johannesburg,South Africa,arch. Hawke and McKinley
9. Johannesburg Art Gallery, Johannesburg, South Africa, arch. Sir Edward Lutyens
10. University of Cape Town,Cape Town,South Africa,arch. Jim Solomon
11. Terminus of the Congo-Ocean Line,Black Point,Congo,arch. M.Philippot
12. Cathedral du Souvenir Africain, Dakar, Seneqal,arch.Wulfleff
13. Stern House, Johannesburg,South Africa, arch. Martienssen,Fassler and Cooke
14. Peterhouse Flats,Johannesburg,South Africa, arch. Martienssen,Fassler and Cooke
15. Dar-es-Salaam Museum, Dar-es-Salaam, Tanzania,arch. Gilman
16. The Martienssen House,Greenside, South Africa, arch. Rex Martienssen
17. Oceanic Hotel,Mombasa,Kenya,arch. Ernst

1. 圣约瑟夫罗马天主教大教堂，达累斯萨拉姆，坦桑尼亚，建筑师：不详
2. 圣乔治大教堂，开普敦，南非，建筑师：H. 贝克爵士和 F.E. 梅西

3. 德班市政厅，德班，南非，建筑师：斯科特，伍拉科特和哈德森
4. 比勒陀利亚市政厅，比勒陀利亚，南非，建筑师：不详
5. 塞西尔·罗得纪念堂，开普敦，南非，建筑师：H. 贝克爵士
6. 大清真寺，迪杰尼，马里，建筑师：I. 特拉奥雷
7. 联邦政府大楼建筑群，比勒陀利亚，南非，建筑师：H. 贝克爵士
8. 约翰内斯堡市政厅，约翰内斯堡，南非，建筑师：霍克和麦金利
9. 约翰内斯堡艺术陈列馆，约翰内斯堡，南非，建筑师：E. 勒琴斯爵士
10. 开普敦大学，开普敦，南非，建筑师：J. 所罗门
11. 刚果远洋定期航线终点站，黑角，刚果，建筑师：M . 菲利波特
12. 非洲人纪念大教堂，达喀尔，塞内加尔，建筑师：沃尔夫莱夫
13. 斯特恩住宅，约翰内斯堡，南非，建筑师：马丁森、法斯勒和库克
14. 彼得豪斯公寓，约翰内斯堡，南非，建筑师：马丁森、法斯勒和库克
15. 达累斯萨拉姆博物馆，达累斯萨拉姆，坦桑尼亚，建筑师：吉尔曼
16. 马丁森住宅，格伦塞德，南非，建筑师：R. 马丁森
17. 海洋旅馆，蒙巴萨，肯尼亚，建筑师：E. 梅

May

18. Palais du Grand Conseil d'Afrique Occidentale,Dakar,Senegal,arch. Badani and Roux-Dorlut

19. Cultural Center,Moshi,Tanzania, arch. Ernst May

20. Boeskay Flats,Housing in Lubumbashi, Congo,arch. Julian Elliott and Philippe Charbonnier

21. Smiling Lion Apartments,Carreira de Tivo,Maputo,Mozambique,arch. Amancio d'Alpoim Guedes

22. Museum in Accra,Ghana,arch. Drake and Lasdun,Denys Lasdun

23. Aga Khan Platinum Jubilee Memorial Ishmaelia Community Hospital, Nairobi, Kenya, arch. Amyas Douglas Connell

24. University of Nsukka,Nigeria,arch. James Cubitt

25. Kindergarten,Maputo,Mozambique,arch. Amancio d'Alpoim Guedes

26. Library Building,Makerere College, Kampala, Uganda,arch. Norman and Dawbarn

27. Alliance Girls' High School,Chapel and Theatre,Kikuyu,Kenya,arch. Richard Hughes

28. Stadium,Kumasi,Ghana,arch. Kenneth Scott

29. Housing in Ampefiloha,Tananarive,Malagasy Republic,arch. Jose Ravemanantsoa,Jean Rafamanantsoa and Jean Rabemanantsoa

30. The Arya Girl's High School, Nairobi, Kenya, arch. Peer Abben

31. University of Nigeria,Ibadan, Nigeria,arch. E.Maxwell Fry and Jane Drew

32. Hospital for the Nigerian Railway Corporation, Lagos,Nigeria,arch. Alex Ifeanyi Ekwueme

33. Cooperative Bank of Western Nigeria, Ibadan,Nigeria,arch. E. Maxwell Fry and Jane Drew,Drake and Lasdun

34. Gruenewald House,Itawa,near Ndola,

18. 西非联合常设理事会宫，达喀尔，塞内加尔，建筑师: D. 巴达尼、P. 罗克斯－多卢特和 M. 杜查姆建筑师事务所

19. 文化中心，莫希，坦桑尼亚，建筑师: E. 梅

20. 鲍伊斯凯公寓住宅，卢本巴希 (原伊丽莎白维尔)，刚果，建筑师: J. 埃利奥特和 P. 查布尼尔

21. "微笑的狮子" 公寓，马普托 (原洛伦索－马贵斯)，莫桑比克，建筑师: A. 德阿尔波伊姆·盖德斯

22. 阿克拉博物馆，阿克拉，加纳，建筑师: 德雷克和拉斯顿建筑师事务所 (E.M. 弗赖伊和 J. 德鲁、德雷克和 D. 拉斯顿)，D. 拉斯顿

23. 阿卡汗五十周年纪念伊斯玛利社区医院，内罗毕，肯尼亚，建筑师: A.D. 康内尔

24. 恩苏卡大学，恩苏卡，尼日利亚，建筑师: J. 库比特

25. 幼儿园，马普托 (原洛伦索－马贵斯)，莫桑比克，建筑师: A. 德阿尔波伊姆·盖德斯

26. 马凯雷雷学院图书馆，坎帕拉，乌干达，建筑师: 诺曼和道巴恩建筑师事务所

27. 非洲女子中学附属教堂和剧院，吉库尤，肯尼亚，建筑师: R. 休斯

28. 体育场，库马西，加纳，建筑师: K. 斯科特

29. 安普菲洛哈住宅建筑群，塔那那利佛，马尔加什共和国（1975 年改名为马达加斯加民主共和国），建筑师: J. 拉夫马南特索阿、J. 拉法马南特索阿和 J. 拉贝马南特索阿

30. 雅利安女子中学，内罗毕，肯尼亚，建筑师: P. 阿本

31. 尼日利亚大学，伊巴丹，尼日利亚，建筑师: E.M. 弗赖伊和 J. 德鲁

32. 尼日利亚铁路公司医院，拉各斯，尼日利亚，建筑师: A.I. 埃克乌埃姆

33. 西尼日利亚合作银行，伊巴丹，尼日利亚，建筑师: E.M. 弗赖伊和 J. 德鲁、德雷克和 D. 拉斯顿

34. 格鲁恩尼森林住宅，伊塔瓦 (恩多拉附近)，

Zambia,arch.Julian Elliott

35. The Crown Law Offices,Nairobi,Kenya,arch. Amyas Douglas Connell

36. Parliament Building,Freetown,Sierra Leone,arch. Dov and Ram Karmi

37. Obafeme Awolowo University(formerly University of Ife),Ife,Nigeria,arch. Sharon and Sharon

38. Junior Staff Housing,Christiansborg Castle,Accra,Ghana,arch. J.G.Halstead and D.A.Barratt

39. Elementary School,Lagos,Nigeria,arch. Olewole Olumuyiwa

40. Sagrada Familia da Machava, Mozambique, arch. Amancio d' Alpoim Guedes

41. Federal University in Yaoundé, Cameroon, arch. Michel Ecochard and Claude Tardits

42. Dormitories of the University of Tananarive, Malagasy Republic, arch.Roland Simounet

43. Parliament Building,Nairobi,Kenya,arch. Amyas Douglas Connell

44. Northern Police College, Kaduna, Nigeria, arch. Godwin and Hopwood

45. Kasama Cathedral,Lusaka,Zambia,arch. Julian Elliott

46. Social Center and Student Hall of the University of Cape Coast,Ghana,arch. Renato Severino

47. General Post Office and Ministry of PTT,Addis Ababa,Ethiopia,arch. Ivan Straus and Zdravko Kovaevi

48. Engineering Laboratories, Nkrumah University of Science and Technology, Kumasi, Ghana,C., arch.James Cubitt

49. University Flats,Alagbon Close, Ikoyi, Lagos, Nigeria,arch. Alan Vaughan-Richards

50. Thermal Baths,Filwoha,Ethiopia,arch. Michal Todros and Zalman and Ruth Enav

51. University of Zambia,Lusaka,Zambia,arch. Julian Elliott

赞比亚，建筑师：J. 埃利奥特

35. 皇冠律师事务所，内罗毕，肯尼亚，建筑师：A.D. 康内尔

36. 议会建筑群，弗里敦，塞拉利昂，建筑师：D. 卡尔米和 R. 卡尔米

37. 奥巴菲莫·阿沃罗沃大学(原伊费大学)，伊费，尼日利亚，建筑师：A. 沙龙和 E. 沙龙

38. 初级职员住宅，阿克拉，加纳，建筑师：J.G. 霍尔斯特德和 D.A. 巴勒特

39. 小学，拉各斯，尼日利亚，建筑师：O. 欧卢姆伊瓦

40. 马沙瓦家族教堂，马沙瓦，莫桑比克，建筑师：A. 德阿尔波伊姆·盖德斯

41. 联盟大学，雅温得，喀麦隆，建筑师：M. 埃科查德和 C. 塔迪茨

42. 塔那那利佛大学集体宿舍，塔那那利佛，马尔加什共和国（1975 年改名为马达加斯加民主共和国），建筑师：R. 西蒙涅特

43. 议会大厦，内罗毕，肯尼亚，建筑师：A.D. 康内尔

44. 北方警察学院，卡杜纳，尼日利亚，建筑师：戈德温和霍普伍德建筑师事务所

45. 卡萨马大教堂，卢萨卡，赞比亚，建筑师：J. 埃利奥特

46. 海岸角大学社会中心和学生会堂，海岸角，加纳，建筑师：R. 塞维里诺

47. 邮政总局和公共电报电话部，亚的斯亚贝巴，埃塞俄比亚，建筑师：I. 斯特劳斯和 Z. 科瓦埃威

48. 恩克鲁玛科技大学工程试验室，库马西，加纳，建筑师：J. 库比特

49. 阿拉格邦·克劳斯大学公寓，伊科伊岛，拉各斯，尼日利亚，建筑师：A. 沃汉－理查兹

50. 温泉浴场，亚的斯亚贝巴，埃塞俄比亚，建筑师：M. 托德罗斯、Z. 埃纳夫和 R. 埃纳夫

51. 赞比亚大学，卢萨卡，赞比亚，建筑师：J. 埃利奥特

52. Legislative Assembly and Government Center, Port Louis, Mauritius, arch. E. Maxwell Fry, Jane Drew and Partners

53. National Theatre and Cultural Center, Kampala, Uganda, arch. Peatfield and Bodgener

54. Monastery, Gihindamuyaga, Butare, Rwanda, arch. Lucien Kroll

55. Kenyatta Conference Center, Nairobi, Kenya, arch. Karl Hendrik, Nostvik and David Mutiso

56. Rand Afrikaans University, Johannesburg, South Africa, arch. Meyer, Pienaar, Smith

57. Maisonettes for the Bank of Zambia, Lusaka, Zambia, arch. Montgomery, Oldfield and Kirby

58. Headquarters of the National Bank of Kenya, Nairobi, Kenya, arch. Richard Hughes

59. Mombasa Air Terminal, Kenya, arch. Gollins, Melvin, Ward and Partners, and Richard Hughes

60. Development Center, Addis Ababa, Ethiopia, arch. Aarno Ruusuvourl

61. IBM Headquarters Building, Johannesburg, South Africa, arch. Arup Associates

62. UN. Accommodations, Gigiri, Kenya, arch. David Mutiso

63. French Cultural Center, Nairobi, Kenya, arch. Dalgiesh Marshall

64. Medical Center, Mopti, Mali, arch. Andre Ravereau

65. Student Hostel, Zambia College, Lusaka, Zambia, arch. Montgomery, Oldfield and Kirby

66. Agricultural Training Center, UNESCO/BREDA, Nianing, Senegal, arch. Kamal El Jack, Pierre Bussat, Oswald Delicour, Sjoerd Nienhuys and Christopher Posma, master mason: Diallo

67. Low-Cost Housing, Rosso-Satara, Mauritania,

52. 立法院和政府中心，路易港，毛里求斯，建筑师：E.M. 弗赖伊、J. 德鲁建筑师事务所

53. 国家剧院和文化中心，坎帕拉，乌干达，建筑师：皮特菲尔德和博吉纳

54. 修道院，吉辛达姆亚加，布塔雷，卢旺达，建筑师：L. 克罗尔

55. 肯雅塔会议中心，内罗毕，肯尼亚，建筑师：K.H. 诺斯特威克和 D. 缪蒂索

56. 兰德非洲人大学，约翰内斯堡，南非，建筑师：W. 迈耶、F. 皮纳尔、J. 凡·维克（迈耶-皮纳尔-史密斯建筑师事务所）

57. 赞比亚银行职员公寓，卢萨卡，赞比亚，建筑师：蒙哥马利、奥尔德菲尔德和柯尔比建筑师事务所

58. 肯尼亚国家银行总行大楼，内罗毕，肯尼亚，建筑师：R. 休斯

59. 蒙巴萨航空港候机楼，蒙巴萨，肯尼亚，建筑师：戈林斯、梅尔文、沃德建筑师事务所和 R. 休斯

60. 发展中心，亚的斯亚贝巴，埃塞俄比亚，建筑师：A. 鲁苏武奥里

61. 国际商用机器公司 (IBM) 约翰内斯堡总部大楼，约翰内斯堡，南非，建筑师：阿鲁普建筑师事务所

62. 联合国人员接待处建筑群，基吉利，肯尼亚，建筑师：D. 缪蒂索

63. 法国文化中心，内罗毕，肯尼亚，建筑师：戴尔基什·马歇尔建筑师事务所

64. 医疗中心，莫普提，马里，建筑师：A. 里维罗

65. 赞比亚大学学生宿舍，卢萨卡，赞比亚，建筑师：蒙哥马利、奥尔德菲尔德和柯尔比建筑师事务所

66. 联合国教科文组织农业培训中心，尼亚宁，塞内加尔，建筑师：M. 迪埃罗等

67. 低造价住宅建筑，罗索-萨塔拉，毛里塔尼亚，

arch.A.and J. Esteve and Ladji Camara (ADAUA)

68. Community Center,Steinkopf,South Africa,arch.Uytenbogaardt and Rozendal

69. Government Center,Abuja,Nigeria,arch. Kenzo Tange

70. Mangosuthu Technicon,Umlazi,Natal,South Africa,arch.Hallen Theton and Partners

71. Brenthurst Library,Johannesburg,South Africa,arch.Hallen Theton and Partners (Hans Heyerdahl Hallen)

72. House,Johannesburg,South Africa,arch. Stanley Saitowitz

73. Court of Justice,Agadez,Niger,c.arch.Laszlo Mester de Parajd

74. Golf Resort,Yamoussoukro,Ivory Coast,arch. Roger Taillibert

75. BMW Head Offices,Midrand,Gauteng,South Africa,arch.Hallen Theron and Partners

76. 11 Diagonal Street,Johannesburg,South Africa,arch.Murphy and Jahn in association with Louis Karol Architects

77. Onersol Solar Energy Research Center, Niamey,Niger,arch.Lazlo Mester de Parajd

78. Mityana Pilgrim's Center Shrine, Mityana, Uganda,arch.Justus Dahinden

79. Guiness Brewery,Ogba,Lagos,Nigeria,arch. Godwin and Hopwood

80. Center for AccountingStudies,Maseru, Lesotho,arch.Househam, McPherson, Henderson

81. Ghana National Theatre,Accra,Ghana,arch. Chen Taining

82. 362 West Street,Durban,South Africa,arch. Murphy and Jahn,in association with Strauch Vorster and Partners

83. Notre-Dame de la Paix,Yamoussoukro,Ivory Coast,arch.Pierre Fakoury

84. Peninsula Technicon,Belleville South,Cape Town,South Africa,arch.Revel Fox and Partners

建筑师：A. 埃斯蒂夫、J. 埃斯蒂夫和 L. 卡玛拉（非洲传统建筑与城市发展协会）

68. 社区中心，斯泰因科普夫，南非，建筑师：乌伊坦伯加德特和罗森达尔

69. 政府中心，阿布贾，尼日利亚，建筑师：丹下健三

70. 蒙戈苏图理工学院，乌姆拉济，纳塔尔，南非，建筑师：海伦·塞顿建筑师事务所 (H.H. 海伦)

71. 布朗瑟斯特图书馆，约翰内斯堡，南非，建筑师：海伦·塞顿建筑师事务所 (H.H. 海伦)

72. 住宅，约翰内斯堡，南非，建筑师：S. 萨伊托维茨

73. 法院，阿加德兹，尼日尔，建筑师：L.M. 德帕拉伊德

74. 高尔夫球场，亚穆苏克罗，科特迪瓦 (原象牙海岸)，建筑师：R. 泰里伯特

75. 宝马汽车公司 (BMW) 总办事处，米得兰德，高庭，南非，建筑师：海伦·塞顿建筑师事务所 (H.H. 海伦)

76. 斜街 11 号大厦，约翰内斯堡，南非，建筑师：墨菲 / 扬建筑师事务所与 L. 卡罗尔建筑师事务所

77. 欧纳索尔太阳能研究中心，尼亚美，尼日尔，建筑师：L.M. 德帕拉伊德

78. 米蒂亚纳朝圣中心圣祠，米蒂亚纳，乌干达，建筑师：J. 达欣登

79. 盖尼斯酿酒厂，拉各斯，尼日利亚，建筑师：戈德温和霍普伍德建筑师事务所

80. 会计学习中心，马塞卢，莱索托，建筑师：豪斯汉、麦克菲尔森、汉德森

81. 加纳国家剧院，阿克拉，加纳，建筑师：程泰宁

82. 西大街 362 号大厦，德班，南非，建筑师：墨菲 / 扬建筑师事务所与施特劳赫·沃斯特建筑师事务所

83. 和平圣母大教堂，亚穆苏克罗，科特迪瓦 (原象牙海岸)，建筑师：P. 法柯里

84. 佩宁苏拉理工学院，开普敦，南非，建筑师：R. 福克斯建筑师事务所

85. Communication Center,Nairobi,Kenya,arch. Henning Larsen

86. Headquarters of the Bank of Economic Community of West African States, Lomé, Togo, arch.Pierre Goudiaby Atepa

87. Shimba Hill Lodge,Shimba,Kenya,arch. Symbion International,Architects and Interior Desigers

88. Conference Hall,Bamako,Mali,arch.Chen Taining

89. Supreme Court Complex, Abuja, Nigeria, arch. Olewole Olumyiwa

90. Headquarters of the Bank of the Economic Community of West African States, Dakar, Senegal, arch.Pierre Goudiaby Atepa

91. Headquarters of the Bank of West African States,Ougadougou,Burkina Faso,arch. Wango Pierre Sauwadogo

92. Organization of African Unity (OAU) Conference Hall,Abuja,Nigeria,arch.Albert Speer and Julius Berger

93. Graduate School of Business,Cape Town,South Africa,arch.Revel Fox and Partners

94. Retirement Complex,Edgemead,Cape Town,South Africa,arch.Revel Fox and Partners

95. Johannesburg Branch of the South African Reserve Bank,Johannesburg,South Africa,arch.Meyer Pienaar Architects

96. Mixed Development Eastgate, Harare, Zimbabwe,arch.Pearce Partnership

97. Johannesburg Athletic Stadium, Johannesburg, South Africa, arch. Arup Associates

98. Ministry Complex,Abuja,Nigeria,arch.Albert Speer and Partner

99. British High Commission,Nairobi,Kenya,arch. Hugh Cullum and Richard Nightingale

100.Total Oil Company Building, Abuja, Nigeria, arch.Zuhair Ahmed (Triad Associates)

85. 通信中心，内罗毕，肯尼亚，建筑师：H. 拉尔森

86. 西非国家经济共同体银行总部，洛美，多哥，建筑师：P.G. 阿特帕

87. 欣巴山小旅馆，欣巴，肯尼亚，建筑师：辛比昂国际建筑师事务所

88. 会议大厦，巴马科，马里，建筑师：程泰宁

89. 最高法院建筑群，阿布贾，尼日利亚，建筑师：O. 欧卢姆伊瓦

90. 西非国家经济共同体银行总部大楼，达喀尔，塞内加尔，建筑师：P.G. 阿特帕

91. 西非国家银行总部大楼，瓦加杜古，布基纳法索，建筑师：W.P. 索瓦多哥

92. 非洲统一组织 (OAU) 会议大厅，阿布贾，尼日利亚，建筑师：A. 斯皮尔和 J. 伯杰

93. 商业研究生院，开普敦，南非，建筑师：R. 福克斯建筑师事务所

94. 退休老人居住建筑群，开普敦，南非，建筑师：R. 福克斯建筑师事务所

95. 南非储备银行约翰内斯堡分行，约翰内斯堡，南非，建筑师：迈耶 – 皮纳尔建筑师事务所

96. 混合开发建筑群，哈拉雷，津巴布韦，建筑师：皮尔斯建筑师事务所 (M. 皮尔斯)

97. 约翰内斯堡体育场，约翰内斯堡，南非，建筑师：阿鲁普建筑师事务所

98. 尼日利亚政府各部建筑群，阿布贾，尼日利亚，建筑师：A. 斯皮尔建筑师事务所

99. 英国高级专员公署，内罗毕，肯尼亚，建筑师：H. 卡卢姆和 R. 南丁格尔

100.托塔尔石油公司大楼，阿布贾，尼日利亚，建筑师：Z. 阿赫迈德 (TRIAD 建筑师事务所)

张钦楠

后记

　　本丛书是中国建筑学会为配合1999年在中国北京举行第20次世界建筑师大会而编辑，聘请美国哥伦比亚大学建筑系教授K.弗兰姆普敦为总主编，中国建筑学会副理事长张钦楠为副总主编，按全球"十区五期千项"的原则聘请12位国际知名建筑专家为各卷编辑以及80余名各国建筑师为各卷评论员，通过投票程序选出20世纪全球有代表性的建筑1000项，以图文结合的方式分别介绍。每卷由本卷编辑撰写综合评论，评述本地区建筑在20世纪的演变与成就，并由评论员分工对所选项目各作几百字的单项文字评述，与精选图照配合。中国方面聘请关肇邺、郑时龄、刘开济、罗小未、张祖刚、吴耀东等为编委配合编成。

　　中国建筑工业出版社于1999年对此项目在人力、财力、物力方面积极投入，以王伯扬、张惠珍、董苏华、黄居正等编辑负责，与奥地利斯普林格出版社紧密合作，共同出版了中文、英文的十卷本精装版。丛书首版面世后，曾获得国际建筑师协会（UIA）屈米建筑理论和教育荣誉奖、国际建筑评论家协会（CICA）荣誉奖以及我国全国科技一等奖和中国出版政府奖提名奖。

国际建筑评论家协会（CICA）对本丛书的评论是："这部十卷本的作品是对全世界当代建筑的范围广阔的研究，把大量的实例收集在一起。由中国建筑学会发起，很多人提供了评论文字。它提供了一项可持久的记录，并以其多样性、质量、全面性受到嘉奖。这确实是一项给人印象深刻的成就。"

按照原协议及计划，这套丛书在精装本出版后，将继续出版普及的平装本，但由于各种客观原因，未能实现。

众所周知，20世纪世界建筑发生了由传统转为现代的巨大改变，其历史意义远超过了一个世纪的历史记录，生活·读书·新知三联书店有鉴于本丛书的持久文化价值，决定出版中文普及版。此次中文普及版，是在尊重原版的基础上，做了适当的加工与修订，但原"十区"名称中有个别与现今名称不同，保留原貌，以呈现历史真实。此次全面修订出版时，原书名《20世纪世界建筑精品集锦》改为《20世纪世界建筑精品1000件》。希以更好的面目供我国建筑师、建筑学界的师生、广大文化界人士来阅读、保存与参考。

2019年8月29日

Simplified Chinese Copyright © 2020 by SDX Joint Publishing Company.
All Rights Reserved.
本作品简体中文版权由生活·读书·新知三联书店所有。
未经许可，不得翻印。

图书在版编目（CIP）数据

20 世纪世界建筑精品 1000 件．第 6 卷，中、南非洲／（美）K. 弗兰姆普敦总主编；（美）U. 库特曼本卷主编；强士浩译．—北京：生活·读书·新知三联书店，2020.9
ISBN 978 – 7 – 108 – 06780 – 7

Ⅰ．① 2… Ⅱ．① K… ② U… ③强… Ⅲ．①建筑设计－作品集－世界－现代
Ⅳ．① TU206

中国版本图书馆 CIP 数据核字（2020）第 139192 号

责任编辑　唐明星　胡群英
装帧设计　刘　洋
责任校对　曹秋月　曹忠苓
责任印制　宋　家
出版发行　**生活·讀書·新知** 三联书店
　　　　　（北京市东城区美术馆东街 22 号 100010）
网　　址　www.sdxjpc.com
经　　销　新华书店
印　　刷　北京图文天地制版印刷有限公司
版　　次　2020 年 9 月北京第 1 版
　　　　　2020 年 9 月北京第 1 次印刷
开　　本　720 毫米 × 1000 毫米　1/16　印张 23
字　　数　110 千字　图 437 幅
印　　数　0,001 – 3,000 册
定　　价　168.00 元

（印装查询：01064002715；邮购查询：01084010542）